国家级职业教育规划教材
全国职业院校烹饪专业教材

烹饪美学

辛少坤 主编

中国劳动社会保障出版社

简介

本书为全国职业院校烹饪专业教材，内容包括美学与烹饪美学概述、烹饪与色彩、烹饪图案的形式美与构图、菜点造型艺术和饮食器具美学等。本书图文并茂，内容实用，难易适中，理论和实践结合紧密，切合职业院校教学实际。

本书由辛少坤任主编，杨婕沂、费伟参加编写。

图书在版编目（CIP）数据

烹饪美学 / 辛少坤主编. --北京：中国劳动社会保障出版社，2021
全国职业院校烹饪专业教材
ISBN 978-7-5167-1216-0

Ⅰ.①烹…　Ⅱ.①辛…　Ⅲ.①烹饪-美学-中等专业学校-教材　Ⅳ.①TS972.11

中国版本图书馆CIP数据核字（2021）第103734号

中国劳动社会保障出版社出版发行
（北京市惠新东街 1 号　邮政编码：100029）
*
北京市白帆印务有限公司印刷装订　新华书店经销
787 毫米 × 1092 毫米　16 开本　7.5 印张　133 千字
2021 年 7 月第 1 版　　2021 年 7 月第 1 次印刷
定价：23.00 元

读者服务部电话：（010）64929211/84209101/64921644
营销中心电话：（010）64962347
出版社网址：http://www.class.com.cn
http://jg.class.com.cn

前　言

近年来，随着我国社会经济、技术的发展，以及人们生活水平的提高，餐饮行业也在不断创新中向前发展。餐饮业规模逐年增长，新标准、新技术、新设备和新方法不断出现，人们对餐饮的需求也日益丰富多样。随着餐饮行业的发展，餐饮企业对从业人员的知识水平和职业能力水平提出了更高的要求。为了培养更加符合餐饮企业需要的技能人才，我们组织了一批教学经验丰富、实践能力强的一线教师和行业、企业专家，在充分调研的基础上，编写了这套全国职业院校烹饪专业教材。

本套教材主要有以下几个特点：

第一，体系完整，覆盖面广。教材包括烹饪专业基础知识、基本操作技能及典型菜品烹饪技术等多个系列数十个品种，涵盖了中式烹调技法、西式烹调技法及面点制作等各方面知识，并涉及饮食营养卫生、烹饪原料、餐饮企业管理等内容，基本覆盖了目前烹饪专业教学各方面的内容，能够满足职业院校烹饪教学所需。

第二，理实结合，先进实用。教材本着“学以致用”的原则，根据餐饮企业的工作实际安排教材的结构和内容，将理论知识与操作技能有机融合，突出对学生实际操作能力的培养。教材根据餐饮行业的现状和发展趋势，尽可能多地体现新知识、新技术、新方法、新设备，使学生达到企业岗位实际要求。

第三，生动直观，资源丰富。教材多采用四色印刷，使烹饪原料的识别、工艺流程的描述、设备工具的使用更加直观生动，从而营造出更

加直观的认知环境，提高教材的可读性，激发学生的学习兴趣。教材同步开发了配套的电子课件及习题册。电子课件及习题册答案可登录中国技工教育网（jg.class.com.cn），搜索相应的书目，在相关资源中下载。部分教材针对教学重点和难点制作了演示视频、音频等多媒体素材，学生扫描二维码即可在线观看或收听相应内容。

本套教材的编写工作得到了有关学校的大力支持，教材的编审人员做了大量的工作，在此，我们表示诚挚的谢意！同时，恳切希望广大读者对教材提出宝贵的意见和建议。

人力资源社会保障部教材办公室

目　录

第一章
美学与烹饪美学概述

学习目标

1. 了解美的本质与特征。
2. 了解烹饪美学的概念、特点与研究范围。

美学是研究美、美感和艺术性的一般规律的科学。将美学应用于烹饪之中，就形成了烹饪美学。烹饪美学的宗旨是以欣赏促食欲。

第一节　美学概述

美包括自然美和艺术美。在人类生长繁衍的大千世界里，美伴随人类的劳动实践而产生，又伴随人类文明的进步而发展，在此过程中，专门研究审美的科学——美学也就相应地产生了。

美学是研究美、美感和艺术性的一般规律的科学。

一、美的本质

《现代汉语词典》将美解释为“美好的事物”。从本质上看，美是具体可感的形象，美是能娱悦身心的形象，美是反映人的智慧和力量的形象。

1. 美是具体可感的形象

所有的美都可以直接被人们的感官感知，都具有形象。自然界中的青山绿水、百花争艳的美，都是通过事物各自的形象表现出来的。社会生活中的美（如文明行为、崇高理想等），也体现在具体的行为、方式之中。艺术美更富于形象性。音乐、舞蹈、戏剧、电影、绘画、雕刻等，只有通过鲜明生动的具体形象才能使人感受到美的意境。

2. 美是能娱悦身心的形象

人们每天都生活在各种“形象”之中，只有那些给人带来愉悦感的形象，才是美的。当人们感受到美的景色、美的事物、美的艺术时，心里便会洋溢着一种喜悦的心情，如感到幸福、感到欢乐、精神振奋、心情舒畅等。

3. 美是反映人的智慧和力量的形象

人们之所以赞美雄伟的万里长城、壮观的金字塔和精美的工艺品等，是因为这些美好的事物反映了人的创造力，凝结着人的智慧和力量。人们在劳动中创造了美，美是反映人的智慧和力量的形象。

二、美的特征

1. 美的形象性

人们生活在一个有形、有声、有色的世界，各种各样的美都以一定的形象向人们展示其客观存在。形象是具体事物的客观映象，是内容和形式的有机结合。它的感性形态既包括客观事物的色彩、线条、形状等外在形式，也包括客观事物的生命力、精神、气韵等内在实质。没有形象的美在社会生活中是不存在的。

2. 美的多样性

美普遍存在于现实生活中，丰富多样。自然界中，有华山之险、黄山之奇、泰山之雄；有牡丹之华贵、水仙之淡雅、蜡梅之清秀。人类社会中，美存在于生产劳动、科学实验、社会活动及人们的日常生活里。凡是积极、健康、以人为本、有助于社会进步的社会行为，都具有社会美。烹饪中的调味也属于社会美，即通过劳动调和出酸、甜、苦、辣、咸、鲜、香等美味，反映出美味的多样性。

3. 美的功利性

美的功利性是指美对人类有用、有利、有益，既有物质实用性，又能娱悦人的精神。

随着社会的不断发展，劳动产品越来越丰富多彩，人们对劳动产品的需求也越来越高，在注重实用性的同时，也注重审美需求。这就要求人们生产的劳动产品不仅实用，而且能娱悦人的精神。例如，烹饪的实用性是所烹饪的菜肴可供人食用，满足人的生存需要，同时，烹饪产品又能带给人们审美享受，既好看又好吃，令人食之津津有味，观之心旷神怡。

三、快感与美感

快感是愉快或痛快的感觉，是感觉器官的舒适感，如饥饿后饱餐一顿的满足感，从烈日下走到树荫里的清凉感。美感则以生理的快感为基础，是感官、想象、情感、理智、意志等全身心共同活动的结果，是一种高级的精神、生理活动。例如，人们面对蔚蓝的天空能联想到纯洁的事物和广阔的世界，从而感到心旷神怡。

美感是一种独特、具体的心灵感受，同一个人在不同的心境下会有不同的感受。例如：人们在心烦意乱时，即使面对秀丽的湖光山色也会无动于衷；而在兴高采烈时，即使单调的声音也会觉得悦耳动听。

四、美的两种形式

世界上的美千姿百态，但是归根到底只有形式美和内容美两种形式。只有两者统一，才是真正的美。

任何事物的美，都要通过一定的色彩、声音、形状等美的形式表现出来。如果离开了绚丽多样的色彩、舒心悦耳的声音、生动流畅的线条，美也就无法存在。形式美是指事物能够引起人们愉悦心情的感性形式，即客观事物外观的美。美的形式分为内形式和外形式两种，美的内部组织结构是它的内形式，美的形态外观是它的外形式。以一座雕像为例，它的团块结构和形体比例是内形式，它的色泽和姿态则是外形式。

形式美像一件漂亮的外衣，但只有附在一定事物上，表现一定内容时才是美的。美的事物总是内容美和形式美的统一，形式是为内容服务的。球形和曲线是不是美，要与它所显示的具体内容和人的生活联系起来。球形的篮球是美的，但球形的课桌就不美了；公园里蜿蜒曲折的小径是美的，但弯弯曲曲的飞机跑道就不美了。可见，美的形式必须充分表现一定的美的内容，做到内容与形式的和谐统一，这样才能使人感到愉悦。

形式美在美的观赏中具有特殊作用。人们常常可以忽略美的内容，把形式美作为独立的审美对象，这是因为美的事物往往是形式胜于内容。例如，人们常把色彩斑斓的蝴蝶作为美的化身，而不考虑它给人类带来的害处。有些构成艺术形式的因素（如色彩、线条、形体等），本身也可以成为美的对象，成为一种形式美。因此，形式美本身也能够使人得到美的享受。

第二节　烹饪美学概述

一、烹饪美学的概念

烹饪活动是人类赖以生存、繁衍和发展的重要条件和基础，是人类最早的社会实践活动之一。它孕育了人类文明，并形成了独特而灿烂的饮食文化。

烹饪美学是研究人在烹饪活动过程中审美活动（创作与欣赏）的特征和规律的科学。研究烹饪美学可以揭示烹饪活动中美的创造、人们的审美意识与烹饪文化背景的内在关系。

烹饪美学的宗旨是，以欣赏促食欲，使食者在获得美的享受的同时，提升美的食欲享受。中国烹饪的色、香、味、形、器、质、养等属性，既紧密联系又各自表现。色、形同属于视觉艺术的范畴，其先于质、味出现，又最先映入食者的眼帘，可谓先色后形，先形后味。色和形是烹饪的“仪表”和“容貌”，属于艺术的表现部分；质和味是烹饪的“骨骼”和“血肉”，是组成和支撑这些表现部分的实体。

二、烹饪美学的起源与发展

烹饪活动是人类最早的劳动实践之一。从某种意义上说，人类文明也起源于这种劳动实践。因为人类的劳动最初完全是围绕饮食进行的。只要吃东西，人立即会感到食物滋味的美与不美，由此形成对甘美食物形、色的欣赏，这便是人类最初对自然美和形式美的感受。

烹饪美学伴随着人类文明的出现而出现，虽然长期以来并未被人们所意识到，但它却以实实在在的形式客观存在着。无论在东方还是西方，美的概念的起源都与饮食有着密切的关系。在大多数国家和地区的语言文字中，美的概念大多包含美味、可口、好吃、好看等原始认识。据考证，早期美的概念是指人戴着羊头面具，伸展四肢，自由自在舞蹈的形象。人们戴羊头面具是为了用羊头作为伪装，引诱猛兽，以便围歼而猎食之。原始人在捕获猛兽以后，围着火堆，烤熟兽肉，品尝着美味，回忆起戴着羊头狩猎的情况，不禁手舞足蹈，相与唱和。这既是音乐、舞蹈的起源，也是美的观念、形态的起源。

早在我国新石器时代的仰韶文化时期，古人就在用作炊具、食具的陶器上，以天然的矿物质颜料进行描绘，然后入窑烧制，使陶器呈现出赭红、黑、白诸种颜色的美丽图案，形成纹饰与器物造型的高度统一，达到美化装饰的效果。这些用具的出现促进和丰富了原始人的精神生活。在制作这些用具的过程中，人类的审美得到了极大发展。

这是 1973 年在我国青海省出土的新石器时代的彩陶，上面画有舞蹈图案，反映了当时人们对生活的美好追求和憧憬。

烹饪是人类生存的基本活动之一。人类从懂得使用火和炼制盐起，便开始了烹饪，也就开始了对烹饪美的追求。烹饪美不但表现在各种各样的饮食器具中，而且更多地表现在菜肴的呈现形式上。

春秋战国时期，人们对菜肴造型就有了审美需求。孔子提出“割不正不食”的标准。他要求做饭时肉要切得方方正正，小于拳头的鸡雏不吃，这是孔子对菜肴造型的严格要求。先秦时期的《管子》中有“雕卵然后瀹之”（即把蛋雕画之后再煮食）的记述，这大概是我国关于食品雕刻的最早记载。

到了隋唐时期，人们对菜点美学的追求又更进一步。隋代谢讽在《食经》中提到的“撮高巧装坛样饼”（即圆坛形高置而巧装的面饼）、“金丸玉菜臛鳖”（金黄色的丸子和洁净的蔬菜同置于黑色甲鱼之中），已是在造型、色彩方面极为讲究的艺术菜点。

到了宋代，出现了共十二味的“雕花蜜煎一行”。此时雕刻原料已发展至蜜饯果品，雕刻的造型有动物、花卉、草叶等，花色繁多，种类齐全。宋代的《山家清供》曾记载，宋人谢益斋命仆人剖香瓜做酒杯，在香瓜皮上刻出花纹。宋代的《清异录》

曾记载，尼姑梵正利用各种精制的腌鱼、炖肉、肉丝、肉脯、酱瓜、菜蔬等红黄各色原料，以唐代诗人王维晚年隐居的辋川别墅一景为造型，拼摆模仿山水、花木、庭院、馆舍、假山石等景物的造型逼真、构思奇特的冷拼艺术菜。其中的20碟菜各为一种独立的风光造型，合在一起又是辋川别墅全景，别开生面，奇妙无穷。

宋代还出现过一种“玲珑牡丹鲊”的艺术菜肴，即将鱼肉制成牡丹状，鱼肉熟后呈现微红色，犹如一朵初开的牡丹花。诗人陆游“酒如清露鲊如花”的诗句，就是赞誉“玲珑牡丹鲊”的佳句。苏东坡在《仇池笔记》中记载了一首《蒸豚诗》，其中写道：“蒸处已将蕉叶裹，熟时兼用杏浆浇。红鲜雅称金盘饤，熟软真堪玉筋挑。”作者以诗人的情怀去烹制菜肴，菜品浇上杏汁调料后色彩金红透亮，造型犹如高雅的看盘一样美丽。

清代袁枚在《随园食单》中写道，“嘉肴到目到鼻，色臭便有不同。或净若秋云，或艳如琥珀，其芬芳之气亦扑鼻而来，不必齿决之，舌尝之，而后知其妙也”。这说明，当时的菜肴在色彩和香味方面已具有相当高的水平，只观闻而不必品尝便知其口味的佳美。

自近代以来，随着社会经济及文化的快速发展，以及烹调技术和食品工艺技术的飞速进步，烹饪美学也逐步发展到一个新的水平。无论是菜肴造型、饮食器具、餐桌台面布局，还是进餐环境等各个烹饪环节，都体现出了更高的艺术水平。

三、烹饪美学的特点

烹饪美学的最大特点是综合性和实用性（食用性）。

1. 综合性

烹饪美学的综合性是指烹饪美学是多种美学艺术在烹饪中的综合体现。烹饪涉及的美学分支主要有文学艺术美学、音乐美学、建筑美学、装饰美学、工艺美学和技术美学等。

建筑美学和装饰美学体现在餐厅布局、餐厅装饰、灯光和空间色彩等方面。

工艺美学和技术美学体现在菜肴造型、面点造型、食品盛器和餐厅设备安排等方面。

文学艺术美学体现在筵席的主题、菜品的立意和名称，以及餐具和餐厅装饰上印制或镌刻的诗词等方面。

另外，筵席中的仪式，参加筵席者的礼节、穿着，服务员的服务艺术等也都体现了一定的社会美、伦理美。因此可以说，烹饪美学是多种美学艺术的综合反映。

2. 实用性（食用性）

烹饪美学的实用性（食用性）是指烹饪美学具有以食用为目的的工艺与美术相结合的特性，强调食用价值。任何烹饪食品，其根本目的都是建立在“食用”的基础上。各种烹饪工艺也都是围绕“食用”逐步发展和完善的。可以说，烹饪食品主要强调食用性。将烹饪工艺与实用美术相结合，可以烹制出更精美的食品，而烹饪造型食品正是这种结合的典型范例。烹饪造型食品是美味食品物化形象的艺术再创造，它使美味的食品更具优美艳丽的形态，同时也可以更有效地刺激食欲。

四、烹饪美学的研究对象与范围

1. 烹饪工艺美（菜肴美）

在美学追求上，烹制菜肴既要重天然色泽又要重装饰美化，既要有自然形态又要有技术美化，并力求将色、香、味、形、器、质、养融为一体，以使菜肴赏心悦目，给人以美的享受。

2. 烹饪环境美与饮食氛围美

不仅烹饪过程中对菜肴的色、香、味、形等有基本要求，而且烹饪者要善于选择餐具和炊具，充分发挥其实用和审美功能。餐具和炊具体现着工艺美学原理在烹饪中的运用。另外，在菜肴的命名、就餐环境的美化和布置、筵席台面的摆设、宴会气氛的调节、菜肴装盘的规格和上桌顺序等方面，也要遵循美的规律。烹饪环境美化的一般法则，以及饮食环境与筵席设计中的美学原则和设计方法都是烹饪美学的研究对象。

● 将色、香、味、形、器、质、养融为一体的菜肴

● 幽雅的餐厅环境和精致的餐具给人以美的享受

3. 烹饪文化中的食趣美

我国烹饪很早就注重品味情趣，中餐不仅对菜肴的色、香、味、形有严格的要求，而且对菜肴的命名、品味的方式、进餐的节奏、娱乐活动的穿插等都有一定的要求。我国很多菜肴的名称出神入化、雅俗共赏。菜肴名称既有根据主、辅、调料及烹调方法来命名的，也有根据历史掌故、神话传说、名人食趣、菜肴形象来命名的，如“全家福”“狮子头”“叫化鸡”“百鸟朝凤”“东坡肉”等。

红运当头

狮子头

阅读欣赏

苏东坡出任杭州地方官时，曾发动数万民众疏浚西湖，筑堤灌田。为犒劳民众，苏东坡吩咐家人将百姓送来的猪肉和酒做成菜赠给民众。家人误以为要将肉和酒一起做，结果做出的肉反而特别香醇味美，此事一时传为佳话。人们纷纷传颂苏东坡的为人，仿效他独特的烹调方法。从此以后，以这位大文豪命名的“东坡肉”，也就成为杭州的传统名菜。

东坡肉

此菜色泽红亮，造型简洁，看似普通，实则蕴含着中国几千年来的文化。红亮的颜色寓意光明正大，方正的造型寓意做人做事要堂堂正正，香醇的味道反映了“火候足时自然美”的道理，体现了中国古典美学的祥和之美和中庸之美。

分组讨论

将“东坡肉”以白色的瓷罐盛装后端到筵席上是否合适？请说明理由。哪些菜适合以白色瓷罐作为盛器？

思考与练习

1. 什么是美？请就身边的事或物列举出美和不美的实例各 5 个。
2. 什么是烹饪美学？其特点是什么？

第二章

烹饪与色彩

学习目标

1. 掌握颜色搭配的要点。
2. 了解烹饪色彩的特性和分类。
3. 了解菜点常用的色剂。
4. 掌握烹饪色彩的搭配方法。

菜肴的色彩不仅可以满足人们的食欲，而且可以给人以精神和物质统一的特殊享受。烹饪色彩的美体现了烹饪文化的审美特征。

第一节　色彩概述

色彩是造型艺术的重要表现手段之一。艺术家可以通过艺术处理，将色彩与其他造型手段结合起来，引起观赏者的生理和心理感应，触动其情绪，从而使其获得美感享受。凡是以色彩为重要表现手段的艺术品，都必须通过色彩配置形成一定的对比，以引起观赏者的注意。描述色彩时，常用到色相、明度、纯度、冷色、暖色等概念。

一、色彩构成

色彩构成是艺术设计的基础理论之一，它与平面构成及立体构成有着不可分割的联系。色彩不能脱离形体、空间、位置、面积、肌理等独立存在。

人们从对色彩的知觉和心理效果出发，用科学分析的方法，把复杂的色彩现象还原为基本的要素，利用色彩在空间、量与质上的可变性，按照一定的色彩规律去组合各构成要素间的相互关系，创造出新的、理想的色彩效果。这种对色彩的创造过程，称为色彩构成。

人们认识色彩主要有以下途径：

一是日常生活的接触（如接触各类色彩环境、物品、人物、自然景色等）。

二是对色彩、色彩设计、色彩体系的研究，以及对色彩资料的收集、研究和创新。

三是各艺术门类对色彩的艺术性表现。例如，造型艺术、电影艺术、戏剧艺术等对色彩进行具有艺术形式美、融入艺术家个人情感和艺术造诣的个性化表现。

实践是先于理论的，多观察、多体验、多搜集是认识色彩的前提。

三原色

二、三原色

色彩中不能再分解的三种基本颜色称为三原色。三原色一般指红、黄、蓝，这三种原色颜色纯正、鲜明、强烈，本身是调不出来的，用它们可以调配出多种色相的色彩。

三、色彩三要素

- 明度

明度即色彩的明暗程度，也称亮度。明度会影响纯度。明度降低，则纯度也随之降低，反之则会升高。

- 色相

色相即颜色的相貌，用于区分颜色的种类，如日光通过三棱镜分解出的红、橙、黄、绿、青、紫 6 种色相。当某种颜色的明度、纯度变化时，其色相并不会变化。

- 纯度

纯度即色彩的饱和程度，也称鲜艳度、纯净度。纯度不够时，色相区分不明显，明度也会受到影响。

四、冷暖色

冷暖色是指色彩心理上的冷热感觉。红、橙、黄、棕等颜色往往给人热烈、兴奋、热情、温和的感觉，所以它们被称为暖色。绿、蓝、紫等颜色往往给人凉爽、开阔、通透的感觉，所以它们被称为冷色。色彩的冷暖感觉是相对的，除橙色与蓝色是色彩冷暖的两个极端外，其他许多色彩的冷暖感觉都是相对存在的。例如，紫色中的红紫色较暖，而蓝紫色则较冷。

● 冷暖色

五、颜色搭配要点

1. 同类色配合

同类色配合即色系相同、明度不同的色彩（在 24 色色相环中，位于 30 度或 45 度范围内的色彩，如大红、朱红和曙红）的配合。同类色色系相同起统一作用，明度不同起变化作用，从而使显示效果非常柔和统一。

同类色

同类色配合

2. 补色配合

补色配合即两个相对的颜色的配合，如红与绿、蓝与橙、黄与紫、黑与白的配合。补色配合能形成鲜明的对比，有时会收到较好的效果。其中，黑白搭配是永远的经典。

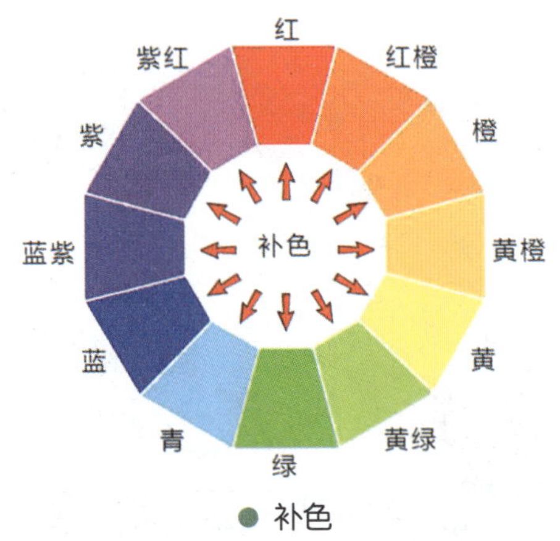

补色

补色配合

3. 近似色配合

近似色配合即两个比较接近的颜色的配合，如红色与橙红（或紫红）相配，黄色与草绿色（或橙黄色）相配。白色可与任何颜色搭配，但若要搭配得巧妙，也需精心设计。例如，白色餐盘配淡黄色的食品，是柔和色的最佳组合。又如，淡黄色的餐布上放白色餐具和银色刀叉，能营造出优

近似色配合

美和浪漫的氛围。

4. 常用颜色搭配

红色宜配白色、黑色、蓝灰色、米色、灰色。

咖啡色宜配米色、鹅黄色、砖红色、蓝绿色、黑色。

黄色宜配紫色、蓝色、白色、咖啡色、黑色。

绿色宜配白色、米色、黑色、暗紫色、灰褐色、灰棕色。

蓝色宜配白色、粉蓝色、绛色、金色、银色、橄榄绿色、橙色、黄色。

六、色彩的象征意义

象征是美学上的重要概念，是指某种含义的表象。色彩的象征是关于色彩的社会化联想，即大家都将这种色彩与一个共同的事物对应起来。色彩成为具有普遍意义的某种象征后，便会给人以共同的印象。

颜色	直接联想	象征意义
红色	太阳、火、血、辣椒	热情、奔放、喜庆、幸福、活力、危险
橙色	柑橘、秋叶、灯光	金秋、欢喜、丰收、温暖、忌妒、警告
黄色	光线、迎春花、香蕉	光明、快活、希望、帝王
绿色	森林、草原、蔬菜	和平、生意盎然、新鲜、可行
蓝色	天空、海洋	理智、平静、忧郁、深远
紫色	葡萄、丁香花	高贵、庄重
黑色	夜晚、无灯光的房间	严肃、刚直、恐怖
白色	雪景、纸张、奶油	纯洁、神圣、光明
灰色	乌云、路面、静物	平凡、朴素、默默无闻、谦逊

第二节　烹饪色彩概述

一、烹饪色彩的重要性

中国的烹饪艺术历史悠久，可以说是色彩艺术与饮食文化的共同产物。中国菜以其色、香、味、形、器、质、养而名扬海内外，其中的色即色彩、颜色，位于各项之首，由此可见色彩的重要性。

菜肴的色彩不仅可以满足人们的食欲，而且可以给人以精神和物质统一的特殊享受。烹饪色彩的美体现了烹饪文化的审美特征。

二、菜肴的色彩联想

中国烹饪历来注重色彩鲜明、和谐悦目，讲究色彩搭配。菜肴的色彩对人的味觉和心理的影响，是通过人的视觉器官感受到色彩后产生有意识或潜意识的相关联想来实现的。在某种程度上，菜肴的色彩会左右人们味觉的灵敏度，并会引起人们对色彩的联想和审美需求。

红色属食欲色，给人甜美、厚重和味道浓郁的味觉感受，使人心情愉悦，代表菜肴如“剁椒鱼头”“松鼠鳜鱼”“红烧肉”。

● 红烧肉

● 松鼠鳜鱼

嫩黄色属芳香色，给人清爽、鲜嫩的味觉感受，代表菜肴如“银丝奶黄包”“文蛤蒸蛋”“白果西芹”。

● 文蛤蒸蛋

● 白果西芹

白色属食欲色，给人清淡、精细、原味、鲜嫩的味觉感受，代表菜肴如“芙蓉鸡片”“橄榄鱼丸”“天香鳜鱼”。

● 橄榄鱼丸

● 天香鳜鱼

金黄色属芳香色，给人干香、松脆的味觉感受，代表菜肴如“干炸响铃”“香酥鸭”。

干炸响铃

香酥鸭

绿色属食欲色，给人新鲜、本味、爽口的味觉感受，代表菜肴如“火腿蚕豆”“上汤菠菜”。

火腿蚕豆

上汤菠菜

红棕色又称酱色，属浓味色，给人味道浓郁的味觉感受，代表菜肴如“卤鸭”“卤牛肉”“西湖醋鱼”。

卤鸭

西湖醋鱼

三、烹饪色彩的特点

由于烹饪原料的多样性和烹饪工艺的独特运用，烹饪色彩具有以下几个特点：

1. 烹饪色彩的基本色素全部来自食用原料

烹饪色彩的基本色素全部来自食用原料。凡不能食用或食用后对人体无益的色素和化学颜料，都不能成为烹饪色彩的基本色素。

2. 烹饪色彩变化和色调处理主要依靠烹饪原料本身

烹饪过程中，菜肴和面点中的色彩变化和色调处理，主要是依靠烹饪原料本身颜色的拼摆、组合或利用个别食品色剂调和实现。食用原料之间不能像美术绘画那样任意调和、覆盖和涂抹。

3. 烹饪色彩的变化效果要经过烹调处理后才能显现

烹饪色彩的变化效果往往要在原料经过烹调处理后才能显现出来，因此，研究烹饪色彩，应以食品成熟后或直接食用时的色彩效果为准。例如：生鱼肉为青灰色，熟后即变白；生蟹黄为暗红色，熟后即变成鲜艳的金黄色。

四、烹饪色彩的分类

烹饪色彩的分类见下表。

烹饪色彩的分类

色彩	烹饪原料举例
白色	山药、莲子、粉丝、豆腐、银耳、牛奶、杏仁、虾仁、竹笋、白萝卜、茭白、大白菜、冬瓜
红色	番茄、红辣椒、红萝卜、草莓、山楂、红肠（粉红色）、腊肠（深红色）、火腿、西瓜、红腐乳、红鱼子酱
黄色	海米、蛋黄糕、蒸蛋糕（中黄色）、熟咸鸭蛋黄、熟鸡蛋黄、油发鱼肚（浅黄色）、油发猪皮（浅黄色）、肉松、熟蟹黄、板栗、橘子、杏、黄番茄、胡萝卜、黄花菜
绿色	黄瓜、蒜苗、菠菜、香菜、莴苣、青椒、豌豆苗、大葱叶、韭菜、冬瓜皮、豌豆、苦瓜、丝瓜、芦笋
黑色、褐色	海参、紫菜、黑木耳、松花蛋、熟香菇、黑红鱼子酱

阅读材料

光色与食欲的关系

心理学家曾做过一个实验。他们在某个餐厅举行午宴，招待宾客。当快乐的宾客围着摆满了美味佳肴的餐桌就座时，主人切换电灯，红色灯光照亮了整个餐厅。此时，肉食看上去颜色很嫩，使人食欲大增，而菠菜却变成黑色，马铃薯显得鲜红。正当客人们惊讶不已时，灯光由红色变成了蓝色。此时，烤肉看起来就像腐烂了一样，马铃薯像是发了霉，宾客个个立即倒了胃口。当灯光变为黄色时，红葡萄酒就像蓖麻油一样，几位女士急忙站起来离开了房间。此时，主人笑着又打开了日光灯，于是客人们聚餐的兴致很快又恢复了。

很多餐饮企业都非常注意研究色彩规律，以此招徕顾客。一般来说，暖色能使菜肴色彩的明度和饱和度增强，使菜肴看起来更加亮丽，容易引起食欲。冷色则相反，会使食欲减退。

第三节　烹饪色彩的应用

一、烹饪原料色彩的可变性

不同的烹饪原料有不同的、较为固定的颜色，尤其植物性原料的色彩更为突出。这是因为蔬菜和果品中含有丰富的叶绿素、番茄红素、叶黄素、花青素。只有熟悉和掌握植物性、动物性原料色彩的可变性，才能更好地运用这种变化效果装饰菜肴和面点。

1. 植物性原料色彩的可变性

烹饪中的植物性原料种类繁多，有叶菜类、茎菜类、根菜类，以及瓜果类，这些蔬菜瓜果中大都含有一种不稳定物质——色素。色素很容易氧化，被酸破坏，受光照或因不同的烹调方法而发生变化。例如：花生米用水煮或油炸，会呈现出不同的色泽；菠菜遇热后，其绿色会变深，经油炸后便呈墨绿色；去皮的莴苣本色暗淡，经开水稍烫后，即呈现一种新鲜的淡绿色；鲜红的番茄经加热处理后，颜色变得混浊，从而失去本来的鲜红。烹饪者为了保持并加强蔬菜的色彩，常常在沸水中加入微量的碱再进行加热处理，这样会使蔬菜的颜色更加鲜艳。

对植物性原料的加热或加工要掌握一条原则，即及时加工、及时使用。加热或加工后存放的时间越长，叶绿素被破坏得越严重，其色泽越暗淡。

● 未加工的花生米

● 水煮的花生米

● 油炸的花生米

● 未加工的豆角

● 腌制的酸豆角

● 炒制的豆角

2. 动物性原料色彩的可变性

动物性原料的主要成分是脂肪和蛋白质，大部分动物性原料加热后颜色由深变浅，有的完全呈白色。例如，生的猪通脊肉为粉红色，生的鱼精肉为青灰色，它们加热后都变为白色。实践证明，凡结构细密、质地软嫩的禽畜类原料，熟后都可变为不同纯度的白色。

不同部位的动物性原料，熟后的颜色也有所不同。例如：鸡、鸭、鹅的胸脯肉生时为半透明的浅黄色，猪、牛、羊的里脊肉生时为粉红色，它们熟后都变为白色；而猪的前腿夹心肉及鸡、鸭的腿肉，生时为深红色，熟后则变为浅红色。

在海产品原料中，扇贝和虾仁生时为青灰色，熟后变为白色；大对虾生时外表为青灰色，熟后外表变为朱红色，其精肉为白色；鲍鱼生时为淡青色，熟后变为淡黄色；海蟹生时外表为绿褐色，熟后外表变为红色；蟹肉生时为青灰色，熟后则变为白色。海产品原料的色彩变化，同禽畜类原料大体相同，都与其本身所含成分有关。蟹和虾的外壳之所以煮熟后变红，是因为其体内的虾青素发生了变化。

鸡蛋清生时为半透明的液体，熟后则变为结构致密的白色固体。鸡蛋黄熟后变成纯黄色，这种颜色是各种黄色原料所具有的最纯正的黄色。

● 生虾仁　● 熟虾仁

● 生海虾　● 熟海虾

● 生海蟹　● 熟海蟹

二、烹饪中的色剂应用

不同的食用原料有着不同的颜色，但许多原料却因本身的结构、性能和口味的不同而不能随意搭配调和，从而造成食品色彩的单调和不足。为了取得较理想的色彩效果，往往需要借助含有丰富色素的原料汁液，对一些无色或浅色的食用原料进行调和，改变原料本来的色相，从而呈现烹饪美学中所需要的新色彩。这一变化过程就是烹饪美学中的调色，用来调色的原料称为色剂。

常用的色剂有绿色剂、黄色剂、黑色剂、白色剂、红色剂、褐色剂等。

1. 绿色剂

绿色中性偏冷，给人以清新凉爽的感觉，能刺激人的食欲。尤其在炎热的盛夏，绿色是不可缺少的食品色彩。用作绿色剂的原料主要是菠菜或油菜等绿色菜叶的汁液。这种汁液同面团或肉泥等原料调和使用，可以呈现出深浅不同的绿色。

在绿色剂原料中菠菜叶为最佳，它不但叶绿素含量丰富，而且质软无异味，是色剂提取率最高的一种蔬菜原料。具体方法是，先将菠菜制成泥，挤出绿菜汁，再适量地混于其他原料中。在洁白的鱼肉、鸡肉或蛋白中加入不同量的绿色剂，会出现深绿、鲜绿、粉绿等不同绿色。“翡翠全虾”和“翡翠羹”等菜品都是在软原料中加入绿色剂后取得“翡翠”效果。此外，也可将绿菜叶切成细丝或细末，然后粘裹在蓉泥原料的表面，以呈现出绿色。

● 翡翠明虾

2. 黄色剂

在烹饪原料中，黄色原料居多，如瓜果中的柠檬、橘子、柑、杏、黄番茄等。我国南北朝时期就有用栀子染黄食品的先例。在适合烹饪口味需要的黄色剂中，鸡蛋黄为最佳。

使用鸡蛋黄作为黄色剂有以下几种方法：

一是将鲜鸡蛋液同其他原料调和后制熟，即可呈现黄色。例如，在面粉、鱼肉、虾肉、鸡肉等原料中加进不等量的鸡蛋液，原料就会呈现不同纯度的黄色。

二是将鸡蛋液放入油锅中拉成丝或用平底锅摊成蛋皮，然后切成细丝或细末，撒或裹在原料的表面，再进行烹制，使成品呈现黄色。

● 金丝丸子

● 绍虾球

三是将原料蘸鸡蛋液再拍淀粉或裹上面包糠后油炸，使成品色泽金黄。

● 炸鲜奶

● 脆皮香蕉

● 黄金猪排

3. 黑色剂

黑色是菜品中不可缺少的颜色，能给人以庄严的感觉。尤其在统一色中出现适量的黑色，能使沉闷和模糊的色调变得明朗清晰，加强视觉效果。在冷热菜肴和糕点中，常用紫菜、黑木耳、卤香菇或黑芝麻等原料加以点缀。

例如，在制作“如意蛋卷”时加入紫菜，制熟后改刀成形，不仅丰富了色彩，还有中国画勾线的艺术效果。

如意蛋卷

紫菜红薯卷

4. 白色剂

常用的白色原料有面粉、淀粉、蛋白、鱼肉、鸡脯肉和猪通脊肉等，这些原料经加工后都可用作白色剂。使用淀粉时，多先用水调开，在菜肴快成熟时倒入汤中，使汤汁变为乳白色。此外，可将鱼肉、鸡脯肉或猪通脊肉制成细泥，其制熟后都呈现白色。

在液体原料中，牛奶和禽蛋白都是极好的白色剂。尤其是鸡蛋清，使用最方便，应用极广泛。鸡蛋清蒸熟后，洁白纯净，细密嫩软，是菜肴中极好的白色原料。

烹饪中许多清雅素美的色彩效果，多是使用白色剂调和的结果。例如，菠菜汁中的绿是一种混浊的绿色，如果加入鸡蛋清或鸡肉、鱼肉等白色剂调和，就会呈现非常淡雅的绿色。白色剂同任何一种颜色调和，都能淡化该种颜色，使其变得柔和素雅。

芙蓉鱼片

滑炒鲜奶

5. 红色剂

红色是一种能带来喜庆气氛的颜色。红色剂主要有红曲汁、胡萝卜汁、番茄汁、南乳汁和红油等。在菜肴原料中添加一些番茄汁、红油、红曲汁等，可以使无色或淡色的原料变得红艳，从而使菜肴色彩艳丽，营造出愉快、热烈的气氛。例如，“荔枝肉”就是将炒好的红色糖醋汁浇在炸熟的原料上，以达到和荔枝相似的视觉效果。

荔枝肉

桂花糯米藕

6. 褐色剂

褐色是一种复色，庄重而和谐，主要是用酱油与其他原料调和而成。在甜品和冷菜中，将可可粉加糖后与其他原料调和使用，便会在菜肴或糕点中出现优美可食的褐色。例如，在琼脂中加入可可粉可制成褐色的琼脂冻，用它来雕刻牛、鹰等，能取得较好的色彩效果。

添加褐色剂的琼脂冻牛雕

鸡蛋干

实践与思考

与同学合作，通过实验比较食品色剂应用在哪些原料中效果较明显。

三、烹饪色彩的搭配方法

1. 色相对比法

在烹饪美学中，常用的对比色有鲜红与翠绿、绛紫与黄、金黄与墨黑、茶褐与浅绿、酱红与浅绿等。

范例欣赏

如下图所示，“金鱼戏花”一菜中的金鱼是用鱼肉做身子，用红樱桃做眼睛，用西芹做尾巴。鲜艳的红樱桃与碧绿的西芹形成强烈的色相对比，这种红绿搭配往往能给人以极强烈的视觉感受和食欲刺激。

● 金鱼戏花

● 鸳鸯味蟹

如果把紫色和黄色、红色和绿色同时放在阳光下，能使紫色更艳、黄色更纯、绿色更翠、红色更鲜，人们会感到一种强烈的对比。烹饪者应根据色相的对比效果，在烹饪实践中灵活加以运用。例如，墨绿色的黄瓜配以玫瑰红色的火腿肠，紫褐色的酱肝配以黄白色的蛋卷，鲜红色的樱桃肉配以翠绿色的油菜心，在洁白的鱼片中加几粒翠绿的青豆，都会显得格外醒目清晰，这就是色相对比的效果。

2. 调和对比法

在冷暖色的对比中，选取色相相近的原料进行搭配，会产生一种轻松和谐的对比效果。例如，在冷拼“戏海”中，“章鱼”所用的原料都呈暖色，而红色与黄色色相相近，产生了一种协调统一的和谐美。再如，“莲藕时蔬”一菜将淡黄色的莲子置于盘中，将草绿色的菜心围在盘周。因为菜心和莲子都含有淡黄色成分，所以，菜肴的颜色非常协调统一，呈现出一种轻快的对比美。

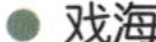

● 戏海

● 莲藕时蔬

3. 黑白对比法

黑白对比是色彩对比中最基本的对比，没有黑白对比就没有明亮的色彩。黑白对比能给人以醒目和清晰的感觉，经常被用在筵席花坛、菜肴和糕点中。例如，筵席花坛中的“紫玫瑰与白天鹅”“翠松与仙鹤”“银塔与树丛”等许多生动画面，都充分利用了黑白对比的效果。在一般冷菜中，黑白对比的应用更为广泛，如松花蛋与豆腐、熏鱼与咸鸭蛋白等。在热菜中，“西瓜盅”和“冬瓜盅”表面的图案装饰雕刻，也是利用深色瓜皮与白色瓜瓤的对比来实现醒目的效果。

在冷拼艺术菜“飞燕迎春”中，两只用黑色原料做头、白色原料拼身体的燕子异常醒目。此菜仅用一点点黑色元素，既加强了色彩感，又加强了食材的质感，令人印象深刻。

● 飞燕迎春

● 藕荷争辉

黑与白强烈醒目的效果是通过对比而产生的，任何一方单独出现都会显得单调平庸、毫无生气。黑白之间需要相互依赖，相互补充。熊猫之所以可爱，除圆滚的身躯外，黑白分明的对比色彩也非常吸引人的眼球；仙鹤之所以高雅，是因为洁白的身躯与黑色脖颈、翅羽产生了对比效果；白天鹅再美，如果放在浅黄色或浅灰色的环境里，也显不出其本身的美丽。这就是色彩的黑白对比效果。

范例欣赏

● 鹤戏竹乡

● 灌汤鱼糕

● 兰花鱼朵

● 发财鲜贝

以上这些给人以强烈色彩感觉的佳肴，都是较好地利用了色彩的色相对比和明度对比，如红色原料与绿色原料、深色原料与白色原料等。将它们合理摆放，在深色原料的衬托下，白色更白，绿色更绿，各种颜色明朗，色彩效果统一而富有层次。

思考与练习

1. 简述颜色搭配的要点。
2. 烹饪色彩有哪些特点?
3. 举例说明常见的烹饪色彩。
4. 学烹饪为什么要学习色彩?
5. 举例说明常用色剂在烹饪中的应用。
6. 举例说明烹饪色彩的搭配方法。

第三章
烹饪图案的形式美与构图

学习目标

1. 了解图案形式美法则。
2. 掌握常见烹饪图案构图方法。

艺术家们的作品之所以吸引人们，就在于他们的作品符合形式美的规律，符合人们的审美需求。可以说，形式美是一切艺术表现形式所共有的，是艺术创造者苦苦追求的最基本的要素，同样也是烹饪者要掌握的要素。

第一节　烹饪图案的形式美

形式美就是某一艺术作品揭示和表达了事物的内容和本质，展示了事物最恰当或最佳、最好的表现形式。能充分表现艺术内容的、有感染力的形式，是真正富有美感的艺术形式。

图案是有装饰意味的花纹或图形。图案中的形式美不同于绘画雕塑的形式美，它需要结合物体的功能才能满足人们的审美需求。

一、图案的形式美法则

1. 对称与平衡

对称与平衡是图案形式美的基本法则之一，也是图案中求得重心稳定的两种结构

对称与平衡

形式。对称是同形同量的组合，以中心线划分，上下或左右相同，如人体的眼、耳、手、足，蝴蝶、鸟类的双翼，雪花，植物对生的叶子和轮生的花瓣，以及车轮、盆、盘等。平衡是以同量不同形的组合取得均衡稳定的形态，要实现平衡就需要掌握重心。平衡倾向于变化，与对称相比，它容易使人产生活泼、生动的感觉。

2. 节奏与韵律

在图案上，节奏是规律的重复，条理性与反复性产生节奏感。韵律是在节奏基础上的丰富和发展，它赋予节奏以强弱起伏、抑扬顿挫的变化。因此节奏带有机械美，而韵律是在节奏变化基础上产生的情调，具有音乐美。

● 节奏与韵律

3. 变化与统一

变化与统一的法则，是适用于一切造型艺术表现的一个普通原则。它反映了事物的对立统一规律，也是构成图案形式美最基本的法则。

● 变化与统一

4. 对比与调和

认识物与物的区别，其根据是对比。对比也称对照，如新旧对比、黑白对比等。一般性质相反且相似要素较少的东西就可表达出“对比”的效果。调和与对比相反，对比强调差异，而调和的差异程度较小，是由视觉近似要素构成的。

● 对比与调和

5. 动感与静感

根据不同的目的和用途，图案设计可采取动感较强或静感较强的不同构成方法。静感的图案较严肃，动感的图案较活泼。由于统一与变化的程度不同，所以动感与静感的程度也各有不同。偏向统一的构图为静的状态，偏向变化的构图为动的状态。

● 动感与静感

6. 重复与渐变

重复是将一个基本形反复进行有序排列。渐变是逐渐变动的意思，就是将一连串相似或相同的图案由主到次、由大到小、由长到短、由粗到细排列。根据建筑图案设计的拼盘，其结构本身就是巧妙的渐变重复。渐变不仅是单一的逐渐变化，同时也具有节奏、韵律，易为人们接受。

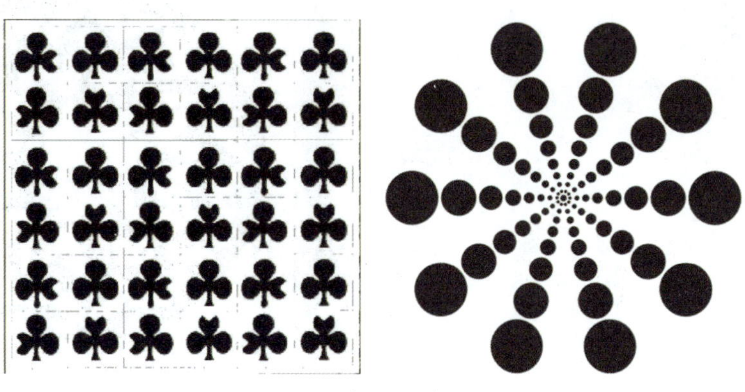

● 重复与渐变

二、形式美法则在烹饪图案中的运用

烹饪图案主要依附于食品造型，它不仅要有生动优美的形象，还要有人们喜闻乐见的艺术形式。

形式美法则在烹饪图案中的运用，一方面是人们对过去经验的总结，带有规律性；另一方面，由于社会在不断发展，这些形式美法则也在不断地得到丰富和完善。在烹饪图案设计中充分运用形式美法则，可以使菜肴在形式上具有一定的艺术性，达到雅俗共赏的美学效果。

1. 多样与统一

烹饪中的多样是指烹饪图案中各个组成部分的多样性，它既包括原料性质的多样，也包括形态的多样。烹饪中的统一是指烹饪图案中各个组成部分的内在联系。例如，一盘完美的拼盘应该是丰富、有规律和有组织的，而不是单调、杂乱无章的。花纹、排列、结构、色彩等组成部分，从整体到局部均应具有多样、统一的效果。

多样与统一的法则就是在对比中求调和，如构图上的主次、疏密、纵横、高低、简繁、聚散、开合，以及形态上的大小、长短、方圆、曲直、起伏、动静、向背、伸屈等。处理得当才能达到多样统一，使整体获得和谐、饱满、丰富多彩的艺术效果。多样寓于统一之中，它们互相依存，互相促进。设计烹饪图案时必须处理好多样与统一的关系，做到整体统一，局部变化，局部变化服从整体统一，也就是“乱中求整，平中求奇”。

范例欣赏

下面的冷拼菜“钱塘斗鸡”中，两只雄鸡位置上一高一低，态势上有扬有抑。一只双翅展开，身体腾起，似向下俯冲；一只双翅紧抱，弓身昂首，以静制动。二者构成了一幅栩栩如生的斗鸡图。

● 钱塘斗鸡

分组讨论

“钱塘斗鸡”中，如果两只雄鸡的翅膀都拼摆成展开状，画面是否更具有动感？你能为该题材再设计出其他的构图造型吗？

2. 对称与平衡

对称与平衡是构成烹饪图案形式美的又一基本法则。

对称类似均齐，是同形同量的组合，体现了秩序和排列的规律性。在烹饪图案中运用对称规律，可表现庄重、平稳、宁静的效果。对称在烹饪造型中应用非常广泛，其形式有左右对称、上下对称、斜角对称和中心对称等。

在烹饪造型中掌握好上下、左右、对角之间的轻重分量，将对烹饪图案制作起到重要的作用。

对称好比天平，而平衡则好比天平的两臂。在烹饪图案中，对称和平衡常常结合运用。对称形式条理性强，有统一感，可以得到端正庄重的效果，但若处理不当，又容易呆板、单调。平衡形式变化较多，可以得到优美活泼的效果，但若处理不当，又容易杂乱。两者结合运用时，要以其中一个为主，做到对称中求平衡、平衡中求对称。

在烹饪图案中，往往运用虚实、呼应求得造型的平衡效果。例如：一盘风景造型的拼盘常以建筑物为实，以天空为虚；以花为实，以叶为虚；以龙为实，以云、水为虚；以鸟为实，以树为虚。这样造型布局，有实有虚，有满有空，互相照应，可使烹饪造型更加生动。

“雪蛤火腿”以盘中的雪蛤和火腿为中轴，两边配以蔬菜原料，在突出主料的同时，整体又不失对称均衡，原料荤素搭配使口味也有了对比和平衡。

雪蛤火腿

“飞燕迎春”充分借用原料的色彩和构图中的对称原理，将两只燕子表现得惟妙惟肖，同时利用翅膀的不同变化和空间位置的不同处理，达到整体的均衡美。

飞燕迎春（局部）

3. 对比与调和

烹饪图案中的对比主要是指原料之间的形式反衬。形态的对比有方圆、大小、高低、长短、宽窄等，分量的对比有多少、轻重等，线条的对比有粗细、曲直、刚柔、疏密等，质感的对比有软硬、光滑与粗糙等，空间位置的对比有远近、上下、左右、前后、向背等，色彩的对比有冷暖、明暗、黑白等。经过对比，原料之间互相衬托，彼此作用，可以显示和突出被表现对象的鲜明个性及本质特征，以加强艺术效果和艺术感染力。例如，在造型中通过统一的构图处理，用小衬大，使大的显得结实，小的显得精细。同时，利用色彩对比还可以增强色彩效果。

调和与对比相反，对比强调差异，而调和则是缩小差异，是由视觉上的近似要素构成的，如形状的圆与椭圆、正方与长方，色彩的黄绿与绿、蓝与浅蓝等。在烹饪图案中，有形态的调和、色彩的调和等。形态的调和使菜肴整体形象完整，色彩的调和使人的视觉感到舒适。

对比与调和是对立统一的。过分强调对比，容易使人产生失衡和生硬的感觉；过分强调调和，容易使人产生主题不明、个性不强的感觉。所以，对比中要有调和的因素，调和中也要有对比的成分，二者要形成相辅相成的呼应关系。

● 色调的调和

● 形状的对比与调和

4. 重复与渐变

重复与渐变是烹饪图案造型的主要方法之一。连续重复的图案形式是烹饪图案造型中的一种组织方法，它是将一种基本图案进行上下连续或左右连续排列，以及向四面重复地连续排列而形成连续图案的方法。实际上，对称性的图案结构也是有条理地反复而成。

渐变的形式很多，有空间的渐变（如方向、大小、远近和轻重等）和色彩的渐变。一般是渐变的过程越多，效果越好。如能巧妙地利用烹饪原料明度的不同达到色泽渐变，则会大大增强层次效果。

● 豆皮卷

● 大丽花

实践与思考

将不同的原料加工成不同的形状（如椭圆形、骨牌形、菱形等），进行重复与渐变拼摆，比一比谁的造型更加新颖和美观。

第二节　烹饪图案构图

构图是绘画的重要造型手段之一，是指艺术家为了表现作品的思想内容或美学主张，在画面里安排布置表现对象的形、色因素及其关系，将若干独立的形象组织成艺术整体的手法。在中国传统绘画中，构图也称章法或布局。

烹饪图案构图以绘画构图为基础，普遍存在于烹饪实践中。例如，筵席花坛的摆设、花台的组合、冷拼艺术菜的布局和热食艺术的设计等，都离不开构图的原理和技法。菜肴造型如果缺乏构图的合理性，就会显得杂乱无章、不协调。因此，在烹饪造型构图时，必须认真研究美的形式和图案，对图案进行形象、色彩、组合的推敲，处理好整体与局部的关系，使菜肴呈现优美的艺术效果。

一、构图的美学原则

构图的美学原则主要是对变化统一法则的运用，一般可归纳为倾向于稳定的（如均衡、对称、照应、重复等）和矛盾处于激化的（如对比、反衬、运动等）两种状态，它们以不同的比例和方式互相补充、渗透，形成既对比又和谐、富于变化的构图和千姿百态的艺术美。

二、构图规则

1. 艺术性与装饰性

艺术性追求感觉、时尚与个性。

装饰性追求效果。

● 构图的艺术性

● 构图的装饰性

2. 整体性与协调性

整体性是指各个组成部分相互联系，不可分割，呈现为一个统一的整体。

协调性强调形式和内容，以及各个组成部分之间的协调。

● 构图的整体性

● 构图的协调性

3. 点、线、面的构图规则

点追求局部效果。

● 突出主题

● 视线集中

线追求分割效果。

● 空间分隔

● 无形分割

● 有形分割

面追求整体效果。

● 占据空间

● 整体协调

三、烹饪图案构图的作用

1. 预知整体效果，便于选择最佳方案

在烹饪造型艺术创作中，烹饪者必须对自己制作的菜品心中有数。如果没有构图这一环节，直接根据自己的想象去拼摆、造型，势必会心中无数，操作起来会无从下手。

2. 便于选择原料，丰富色彩

烹饪造型应根据设计好的构图，有目的、有计划地选择所需原料，包括选择原料的色彩、部位、表面质地特色等。其中，色彩的选择最为重要。

3. 便于确定各种原料的刀工处理方法，方便造型

根据构图，将烹饪原料加工成一定的形状、尺寸（大小和厚薄），进行有目的、有依据、有计划的切配加工，能给造型带来很大的便利。

4. 便于积累资料，丰富造型的内容和形式

烹饪造型从构思到完成，无不体现出艺术性和技术性，凝结着烹饪者的心血和才华。烹饪造型的艺术设计并非一日之功，它来源于日常的不断积累。只有平时多看、多想、多构思、多构图、常借鉴、勤积累，才能丰富自己的创作思路，做到胸有成竹，在烹饪创作中游刃有余。

四、常见烹饪图案构图方法

1. 三角形构图

三角形（一般指正置的三角形）给人崇高、坚实、稳定的感觉，建筑上运用较多，如埃及的金字塔。长三角形使人联想到箭头，给人向上、飞驰、崇高的感觉，哥特式教堂的尖塔就体现出这种感觉。

烹饪中的三角形构图方法是将加工成丝、条、片、段、丁、粒等形状的烹饪原料堆放成金字塔形或宝塔形，给人向上、丰实、简洁的美感。

● 三角形构图（“凉拌菠菜”）

2. 井字形构图

井字形构图是把画面平分成九块，在中心块上找出四个角的点，用任意一点来安排画面的主体位置（当然其他部分还应考虑平衡、对比等因素）。这种构图能呈现变化与动感，使画面富有活力。这是最简单易行的构图方法。

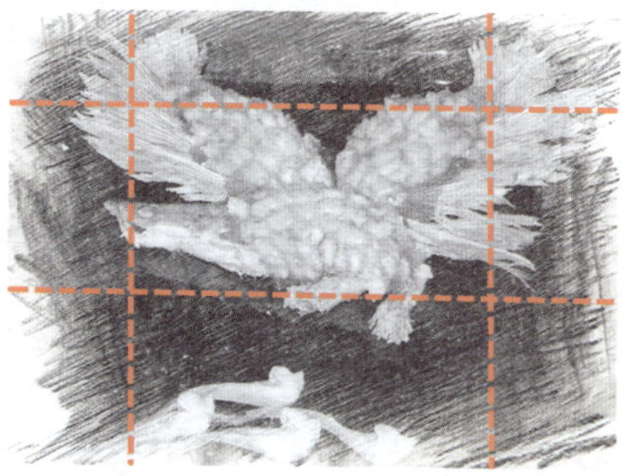

● 井字形构图（“鱼鹰”）

3. 斜线形构图

斜线对角线构图有延伸、冲动的视觉效果，也称对角线构图。由于斜线容易使人感到重心不稳，所以动感强。斜线倾斜角度越大，动感越强。斜线构图的画面比垂直线构图的画面更有动势，而且能形成深度空间，使画面具有活力。

斜线形构图（“西子夜泊”）

4. S 形构图

S 形使人联想到蛇形运动，蜿蜒盘旋，或者联想到人体柔和的曲线，有一种优美流畅的感觉。中国山水画经常使用这种类型的构图，即之字形构图，以形成景物纵深盘旋的情趣。

S 形构图（“伎乐飞天”）

5. 圆形构图

圆形使人联想到车轮或球体，给人旋转滚动或饱满充实的感觉。其触觉柔和，给人以亲切感。

（1）圆心与圆周的对称变化构图

这种构图方法以摆放在盘子中心的凸面原料为主，圆盘周围则摆以对称相等的其他原料。其特点是有一种包含强弱、快慢、松紧、虚实对比的韵律美。

● 圆心与圆周的对称变化构图（“甘荀肉米”）

（2）以圆为中心，用各种环形套摆的构图

这种构图方法能给人以圆环的紧密感和光环的旋转美感。在设计时，既要考虑环的大小形体变化，又要注意色彩的配合。环与环之间尽量选择一些有对比色彩的原料进行搭配。

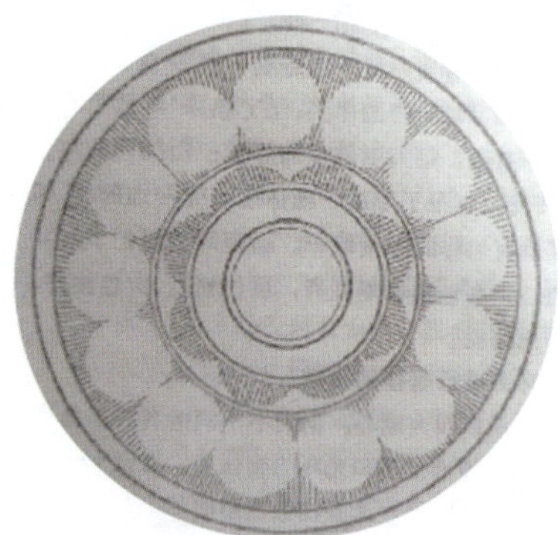

● 以圆为中心，用各种环形套摆的构图（“珍珠鸽蛋”）

（3）立体放射性均衡构图

这种构图方法将菱形、橄榄形、柳叶形的原料沿圆盘一圈一圈、一层一层整齐地码堆而成，呈现出较强的立体感和动感。

● 立体放射性均衡构图（“滚绣球”）

（4）均等排列的对称构图

这种构图方法将各种形体、大小、色彩较一致的原料均匀整齐地排列在盘中，给人以整洁、均衡的感觉。在构图中，既可平行摆开又可交叉排列，还可平错围摆，力求整齐均匀。

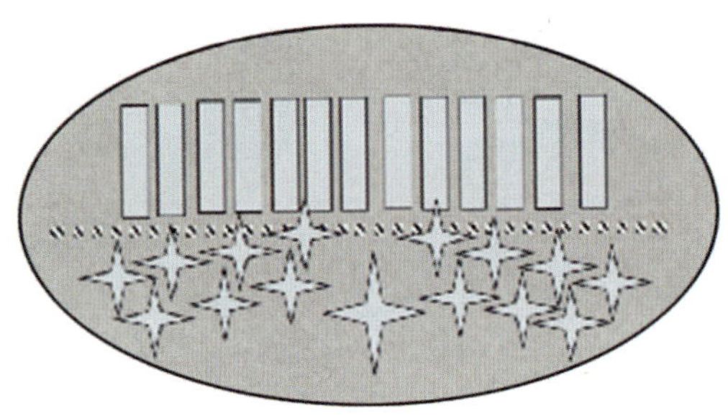

● 均等排列的对称构图（“百花海参”）

（5）两半圆形的对称构图

这种构图方法以盘子的中线为对称轴，用一种或两种以上原料组成两个相对半圆，给人以“平分秋色”之感。

● 两半圆形的对称构图（“平分秋色”）

（6）对角对称构图

这种构图方法选用三种以上的原料组成不同的几何形或树叶形，使角与角相对排列，其特点是色彩明快。

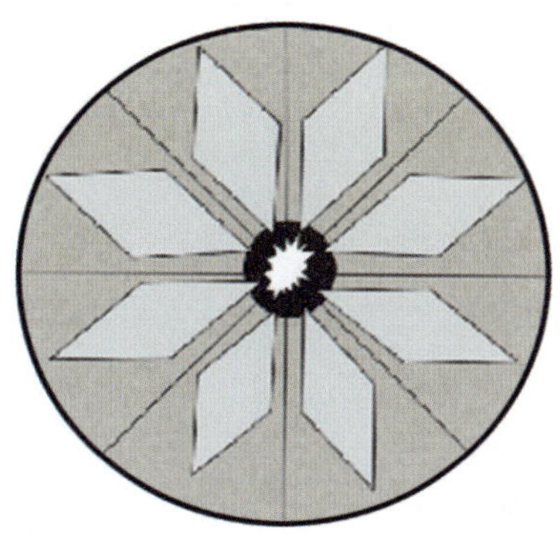

● 对角对称构图（“荷花拼盘”）

实践与思考

1. 运用所学的构图知识设计三幅烹饪图案草图，并与同学交流、完善。
2. 根据其中一幅烹饪图案草图，用原料制作菜品并提出改进方案。

思考与练习

1. 图案的形式美法则有哪些？请举例说明。
2. 形式美法则在烹饪图案中的运用体现在哪些方面？请举例说明。
3. 简述构图的规则。
4. 烹饪图案构图的作用有哪些？
5. 列举在实践中较常用的烹饪图案构图方法，并简述它们各自的美学特点。
6. 如何在烹饪图案构图中灵活运用形式美法则？

第四章 菜点造型艺术

学习目标

1. 掌握冷菜造型的分类和步骤。
2. 掌握热菜造型的分类。
3. 掌握面点造型的方法。
4. 了解食品雕刻的方法和步骤。
5. 了解菜点围边装饰的分类。

菜点造型是烹饪美学中的重要内容，属于实用美学的范畴。菜点造型既要遵循通用的美学法则，又要有现代烹饪技术作为保障。不同类型的菜点（如冷菜、热菜、面点等）有着不同的造型艺术方法。

第一节 冷菜造型艺术

冷菜在我国南方多称冷盘或冷盆，在北方多称凉菜或凉盘。无论是在高规格的宴会上还是较普通的便餐中，它都是最先被摆上餐桌的，素有“脸面”之称。

一、冷菜美的意义

一场宴会菜肴的规格和质量、饭店的档次及厨艺水平都会通过冷菜反映出来。冷菜的效果首先影响就餐者的情绪和食欲。

好的冷菜有“先声夺人”的作用。寓意吉祥、制作精细的各式冷菜，都会使人在视觉、味觉和心理上感到愉悦，获得美的享受，同时营造就餐氛围。

二、冷菜美的要素

由于冷菜的地位、作用及其制作工艺的特点，冷菜较热菜更有条件和时间进行造型和美化。体现冷菜美的基本要素有以下几点：

1. 立意美

冷菜造型立意往往是根据宴会主题确定，通过某种艺术形象体现出来。

冷菜造型大多是民俗中大方、吉利、寓意好的形象。例如：“孔雀开屏”显得高贵、热情，用于迎宾宴；“喜上眉梢”“鸳鸯戏水”显得生动、喜庆，用于婚宴；“松树”寓意长青不老；“荷花”寓意纯洁；“金鱼”寓意年年有余。这些冷菜造型所体现的艺术形象寓意美好，不仅供人们观赏，更多的是突出主题，表达美好的祝愿和创造意境。

孔雀开屏

2. 色彩美

色彩美是冷菜的一大亮点，也是冷菜造型艺术的重要方法，更是冷菜造型艺术形式美的重要表现。丰富、亮丽的色彩以色造型、以情赋彩，增强了菜肴的艺术性，渲染了筵席气氛，给人以美的享受。例如，“鸳鸯戏水”中的鸳鸯、“花色头盘”中的鲜花、“飞燕迎春”中的飞燕、“彩蝶齐舞”中的蝴蝶等都具有丰富、亮丽的色彩。

鸳鸯戏水（局部）

花色头盘

飞燕迎春（局部）

彩蝶齐舞（局部）

3. 技术美

刀工技术美是构成冷菜造型艺术视觉审美的重要条件，也是中国冷菜的神韵所在。

冷菜运用覆、摆、围、排、叠、堆、贴等手法塑型，可以体现出整齐一律、对称均匀、调和对比、多样统一的烹饪形式美。

● 花朵造型

● 荷叶造型

● 桥洞午餐肉

● 薄片牛肉

● 什锦如意卷

● 凉拌莴笋丝

三、冷菜造型的分类

1. 按制作工艺分类

按制作工艺不同，冷菜造型可分为主盘造型和围碟造型。

（1）主盘造型

主盘造型是运用刀工制作成各种不同形状的原料，以之为主要造型坯料，结合具有可塑性的各种不规则原料，通过拼摆、连接、堆砌、雕塑等方法创作出平面或立体的象形图案。因此主盘造型又可称为造型拼盘、象形拼盘、花色拼盘、图案拼盘等。主盘造型要求主题寓意美好，形象生动可爱，色彩美观大方，富有艺术欣赏价值和较好的食用价值。

（2）围碟造型

围碟造型是能食用的简易冷菜造型，多以几何形或花卉形为主，突出刀工技术和口味，以一盘一色一味围在主盘周围，实现了菜品多姿、多味、多色的整体艺术效果。

● 主盘造型

● 围碟造型

2. 按形状特点分类

按形状特点不同，冷菜造型一般分为平面式造型和立体式造型。

（1）平面式造型

平面式造型偏重于实用，在注重实用的前提下，兼顾形态和色泽的对比，特点是刀工整齐，富有节奏感和韵律感，色彩协调，常以独立的形式出现于席面上，如“三拼”“六拼”“什锦拼盘”和“卤水拼盘”等。

● 什锦拼盘

● 卤水拼盘

（2）立体式造型

这类冷菜艺术性较强，视觉要求和工艺要求较高，通常用卧式和立式两种手法表现。

1）卧式。卧式拼摆一般使用多种冷菜原料拼摆成图案，要求形态逼真，能展现出一个完整的画面，给人以美的享受，如“百花争艳”“彩蝶齐舞”和“鸳鸯戏水”等。

● 彩蝶齐舞

2）立式。立式拼摆利用多种原料，采用雕刻、堆砌等刀工手法，拼摆成一个完整的立体造型，要求整体美观和谐，既能食用，又有欣赏价值，如“迎宾花篮”“亭台楼阁”和“雄鹰展翅”等。

雄鹰展翅

制作冷菜造型不仅要有娴熟的技术，还要有一定的审美能力和艺术创作水平，制作者必须从艺术作品中汲取养分，掌握绘画、雕刻等方面的常识和规律，勤学苦练，不断提高自己的艺术素养和造型技巧。

3. 按象形形态分类

按象形形态不同，冷菜造型可分为几何造型、动物造型、植物造型、建筑造型等，如下表所示。

按象形形态分类的冷菜造型

类型	具体形象	美学特征
几何造型	半圆形、三角形、梯形、金字塔形、宝塔形等	造型简洁，突出线条美
动物造型	蝴蝶、孔雀、鸳鸯、金鱼、仙鹤、凤凰、雄鹰等	形象生动，有象征性
植物造型	大丽花、荷花、梅花、百合花、竹子等	美丽、浪漫
建筑造型	拱桥、亭、台、楼、阁等	精致、立体

蜜汁南瓜

黄豆菠菜

● 蝴蝶造型

● 钱塘斗鸡（局部）

● 蝶恋花

● 百合花造型

● 西子夜泊（局部）

● 马蹄莲造型

四、冷菜造型的步骤

1. 确定造型

要根据筵席主题（如喜宴、寿宴、庆功宴等）确定造型。

2. 选料

构思定题设计好图案后，便可进行选料。选料时需要根据所构思的图案要求，从质地、颜色和刀工处理后的形状等多方面考虑用哪些原料最合适，哪一部分需要雕刻，用哪些原料盖面，用哪些原料垫底，以及哪些原料适于拼摆哪些部位。只有做到心中有数，才能合理选用原料。此外，也应考虑选用适用的盛器。

3. 垫底

拼摆时把一些边角碎料垫在盘底，称为垫底。垫底是为盖面拼摆打好基础。

4. 拼摆成形

拼摆成形就是按所设计的图案，把选好的原料进行适当的刀工处理，在盘内拼摆成预想的形状。如果有把握，可以直接拼摆，否则就需要按照构思提前试摆，或先画好图案后照图拼摆。拼摆可分为以下三个步骤：

（1）确定基本轮廓

这一步要用一些可塑性强的原料在盘内拼摆出各个形象轮廓的基本形态。

这一步是完成冷菜造型的基础，也是勾画拼摆粗线条的阶段。轮廓的好坏直接影响整个冷菜的拼摆效果。

（2）组装成形

组装成形就是把不同颜色的原料加工成形，按图案的要求，分部位拼摆成一个完整的形象。

组装成形具体有两种手法：一种是先在菜墩上按部位顺序排列好，再码在盘内的轮廓上；另一种是把加工好的原料拼贴在盘内的轮廓上。具体手法的选择，要根据制作者的习惯和技艺熟练程度而定。

（3）恰当点缀

拼摆成形后，还要根据需要恰当地点缀。点缀是指在拼摆成形的盘中空隙处和适当的位置增加装饰，画龙点睛，以求主体冷菜的完美。并不是所有的花色冷菜都需要点缀。

● 拼摆成形分步操作示例

五、冷菜常用原料与色彩效果

冷菜常用原料与色彩效果见下表。

冷菜常用原料与色彩效果

颜色	常用烹饪原料	色彩效果
红色	火腿、红肠、香肠、胡萝卜、“心里美”萝卜、番茄、叉烧肉	热烈、兴奋
黄色	黄胡萝卜、橘子、蛋黄糕	明快、浪漫
黑色	黑木耳、黑枣	结实、庄重
棕色	卤牛肉、卤鸭、素火腿	朴实、厚重
紫色	紫菜卷	宁静、安详
白色	蛋白糕、墨鱼肉、萝卜卷	清爽、细腻
绿色	芹菜、黄瓜、西兰花、青椒	新鲜、凉爽

阅读欣赏

冷菜造型的美学价值在于可食用性和艺术欣赏性相结合。食用方面要讲究选料，突出食用价值和原料的美感；艺术处理上要以食用为本，以技术为辅；具体造型要选用寓意健康、吉祥的形象，如仙鹤、鸳鸯、孔雀、凤凰、荷花、梅花、马蹄莲、百合花等。

范例欣赏

菜品名称：“马蹄莲”

所用原料：“心里美”萝卜、黄瓜、胡萝卜、西芹、西兰花、蛋黄糕、蛋白糕、火腿，特别出彩的是用黄瓜拼摆的叶子。

该菜品的美学特征是造型简洁、色彩明快、充满诗情画意，使人耳目一新。

该菜品构图上点、线、面相结合，布局上疏密得当；色彩上明快大方，红色与绿色的色块对比得体、自然；造型上简单明了，主题突出，有虚有实，立体感强；工艺上做工精细、工整，富有次序感和节奏感，体现了刀工的技术美。

● 马蹄莲

实践与思考

1. 范例欣赏“马蹄莲”中，用白纸把“叶子”遮住，与原图进行比较，说说有什么不同。
2. 范例欣赏“马蹄莲”中，用白纸把其中一朵“马蹄莲”遮住，与原图进行比较，说说有什么不同。
3. 用铅笔在白纸上对想要拼摆的冷菜进行临摹、设计，准备原料，并依照画好的图在盘中进行拼摆练习。

第二节　热菜造型艺术

热菜是烹饪工艺着重要表现的内容，是烹饪的重中之重，就像音乐的高潮、电影的精彩场面、歌舞晚会的重头戏一样。

一、热菜美的意义

热菜的制作工艺和食用习惯与冷菜不同，其显著特点是现做现吃。不能为了好看让就餐者等很长时间，也不能为了观赏而使菜肴变冷、变色、变味。因此，无论从原料特点和品尝特点上，热菜都以制作方便和食用方便为原则，有形塑型，无形造型，重点突出烹饪技艺和原料特点。

热菜的美，首先是较好地体现了食品在色、香、味、形方面得天独厚的魅力，其次是体现了中国烹饪技艺独特的美。

二、热菜美的要素

1. 色泽美

许多热菜都有鲜明而独特的色彩和光泽，令人赏心悦目，如红亮的“香辣蟹”“辣子鸡”、金黄的“炸猪排”、洁白的“芙蓉鱼片”“滑炒鲜奶”。这些色泽只有通过烹调热加工才能形成。

炸猪排

香辣蟹

2. 技术美

热菜的烹饪技术美是一种特色美，只有依赖一定的烹饪技术才能创造出形式与实用相结合的热菜。“扣三丝”“灯影牛肉”“松鼠鳜鱼”“糖醋鲤鱼”等传统名菜，都是靠精湛的刀工和娴熟的烹饪技术创造出较好的视觉效果，给人以美的享受。

扣三丝

糖醋鲤鱼

3. 质地美

热菜的美还在于质地之美，即菜肴给人带来的美好触感，如单一的嫩、滑、脆、松、软、酥、韧等，以及复合的软滑、软糯、软烂、绵软、脆嫩、外酥里嫩、韧中有脆等。例如，“炝炒土豆丝”质地脆爽，“红烧肉”质地软糯，“熘肝尖”质地滑嫩细腻。

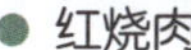
红烧肉

熘肝尖

4. 形状美

形状美是热菜美非常重要的一项内容。有的热菜充分利用原料的自然形状，不加过多雕琢，表现出了热菜形状的自然之美，如烧鸡、烤鸭、烤乳猪等。有的热菜通过刀工、油炸等手段，在原料原有形状的基础上，创造出了各式各样、丰富多彩的形状，给人以美的享受，如“冬瓜盅”“芙蓉虾”“清蒸东星斑”等。

芙蓉虾

清蒸东星斑

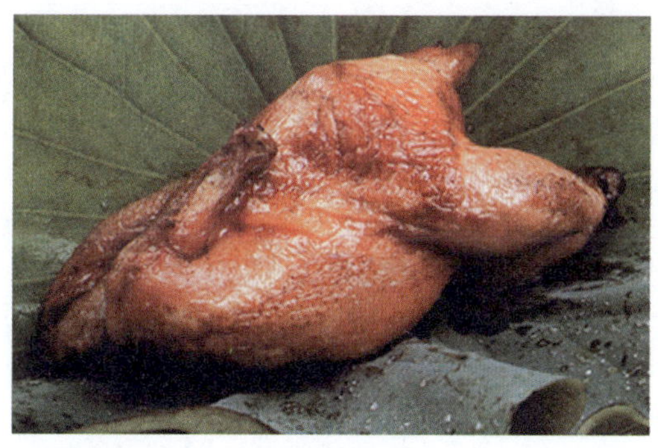

叫化鸡

烤鸭

分组讨论

技术美的产生是为了形式美还是为了实用？烹饪技术中包含了哪些美的因素？

三、热菜造型的基本条件

热菜是筵席的主体菜肴，是决定筵席档次高低、品质好坏的关键。成功的热菜以精湛的工艺、优雅的造型和绚丽的色彩效果令人倾倒，使筵席高潮迭起，气氛热烈。所以说，热菜造型是饮食活动和审美意趣相结合的一种艺术形式，既有技术性，又有观赏性。

热菜造型的基本条件是切配技术和烹饪技术。其中，切配技术是构成热菜造型的主要条件，使菜肴原料发生“形”的初步变化，如用“卷形花刀”成形的“玉米鱼”和用“菊花花刀”成形的“菊花鱼朵”，以及用“梳子花刀”成形的“炝腰花”“佛手鱼”等。烹饪技术不仅在短时间内使烹饪原料的“形”变得更完善，而且使菜肴色彩更加艳丽夺目。

● 菊花鱼朵

● 炝腰花

热菜造型的形式丰富多彩，它通过工艺加工和原料特性给人以美的感觉，满足人们的精神享受，同时也起到增进食欲的作用。热菜造型的形式美多种多样，有自然朴素之美、绮丽华贵之美、整齐划一之美、节奏秩序之美和生动流畅之美等。

四、热菜造型的分类

热菜造型可以分为自然造型、几何形态造型和象形形态造型。

1. 自然造型

自然造型的特点是菜肴保持了原料特有的自然形态，形象完整、饱满、大方。这些菜肴的形态要生动、自然，装盘时应着重突出形态特征最明显、色泽最艳丽的部位。

自然造型通常有两种情况。一是散碎形态，其特征是简洁、丰实，如“龙井虾仁”和“大煮干丝”等。散碎形态在造型时需选用合适餐具，在装盘时要注意采用适合于餐具的造型，并注意不能过满或过浅。过满显得粗鲁不雅，过浅又显得空旷小气。二是整块形态，如“脆皮乳鸽”“干烧岩鲤”和“片皮乳猪”等。整块形态保留着原料本身的原始形态，只需与特定的餐具配合，放正放稳，尽可能显示出原料形体的特点，并注意在上菜时将最美的一面朝向主要宾客即可。

● 大煮干丝

● 脆皮乳鸽

2. 几何形态造型

几何形态造型属于有规律的组合形态造型，常配合餐具的造型，构成圆形、椭圆形、扇形、半圆形、方形、梯形、锥形或多种形状的综合形，且常常运用中心对称和轴对称的表现手法，有时也采用重点点缀和均衡表现的手法。

● 扇形造型

● 方形造型

3. 象形形态造型

热菜象形形态造型的美学表现手法有以下两种：

（1）写实手法

这种手法以模仿为主，通过适当的剪裁、取舍、修饰，着力塑造和表现物象的特征、色彩，力求简洁工整、精练大方、生动逼真，如“橄榄鱼丸”“玉米鱼”和“菠萝肉”等。

● 玉米鱼

● 菠萝肉

（2）写意手法

这种手法突破自然物象的束缚，充分发挥创作者的想象力和艺术表现技巧，运用各种处理方法，对菜肴进行大胆的加工和塑造，又不失物象的固有特征。它既符合烹调工艺的要求，又将原料塑造成有形有色的艺术形象。这种“似与不似之间”的菜肴形象，给人留有丰富联想的余地。

● 金牛鸭子

● 鱼鹰

阅读材料

热菜的造型要求美观、大方、吉利、高雅。有两种做法是不可取的：一是辅助手段太多，甚至为了造型，不惜使用诸如铁丝、木棒等不宜出现在菜品中的东西，这有失烹饪美学的本色；二是过分追求形似，舍本求末，甚至使人感到不适。例如，猪、羊等动物不宜做得过分形似，而宜采用“似与不似之间”的手法，因材制宜，夸张变形，这样菜品才富有情趣，惹人喜爱，也更符合中国艺术的基本精神。形态美的塑造必须依靠坚实的造型技巧，因此，烹饪者必须懂得绘画和雕塑的基本知识，同时注意发挥烹饪原料的特点，掌握食品造型的规律。

● 牡丹鱼片

第三节　面点造型艺术

面点是中国烹饪的重要组成部分，其精湛的工艺技巧、丰富繁多的品种、绚丽多姿的造型和独具一格的风味，在饮食文化中占有相当重要的地位，是人们日常生活中必不可少的食品。在历代专业人士的潜心研究和探索下，面点造型艺术不断散发出光芒。

一、面点造型的特点

1. 雅俗共赏，花样繁多

中式面点品种丰富多样。全国各地的面点品种大都有雅俗共赏的特点，并各有其风味特色。从造型上讲，点、线、面、体应有尽有，艺术图案造型、立体塑造造型形形色色，小到一块饼、一块糕也同样有着艺术效果和艺术魅力。

2. 立塑造型手法多样

面点的立塑造型是内在美与外在美的统一。它经过艺术加工创造出精致玲珑的艺术形象，具有强烈的艺术感染力。面点的立塑造型手法与美术中的雕塑手法十分接近，立塑造型的搓、包、卷、捏等手法属于捏塑的范畴，切、削、剪等手法又与雕刻手法相通，钳花、模印、滚沾、镶、嵌等手法又近似于平雕、浮雕、圆雕的一些手法。可以说，面点造型工艺是一种独特的雕塑创作。

面点师凭借精湛的技艺，将面点制成各种完整的形象。例如，通过折叠、推捏制成孔雀饺、冠顶饺、蝴蝶饺，通过包、捏制成秋叶包、桃包，通过包、切、剪制成佛手酥、刺猬酥，通过卷、翻、捏制成鸳鸯酥、海棠酥、兰花饺，以及运用各种技法制成花卉、鸟兽、果蔬的形象点心和拼制组合图案等。每种面点既有各自不同的形态、色彩和表现手法，又有各种整体造型的艺术缩影。这就要求面点师具有较高的面点立塑技艺和美学、美术知识修养。

3. 玲珑雅致

不同于花色冷拼、热菜的造型，面点在制作时使用的空间较小，一张面皮、一块小面团，都以单个的独立体存在，每一张面皮、每一块面团都要塑造成做工精致的形态。一盘精美的面点是许多单个品种的拼摆组合，而每个品种都是栩栩如生、小巧玲珑的精美艺术品。它可以说是中国烹饪艺术中的艺术小品。

二、面点美的要素

1. 色彩美

面点的色彩是面点美的重要组成部分。面点的色彩讲究和谐统一，有的利用馅心原料配色（如火腿的红、青菜的绿、熟蛋清的白、蟹黄的黄、香菇的黑），如“鸳鸯饺”“一品饺”“四喜饺”和“梅花饺”等；有的利用天然色素配色，如红色的红曲粉、苋菜汁、番茄酱，黄色的蛋黄、南瓜泥、姜黄素，绿色的青菜汁、菠菜汁、荠菜汁，棕色的可可粉、豆沙等。

● 水晶四喜饺

● 紫薯梅花饺

2. 工艺美

面点品种繁多，制作手法多样，通过搓、包、卷、捏、切、削、滚沾、镶、嵌、

钳花、模印等技法，面点师可以制作出花卉、动物、风景、人物等生动有趣、美观大方的艺术形象。每一件优秀的面点作品都是精美的工艺品，既给人们提供了食用价值，又满足了人们的审美要求。

● 中包

● 船点

3. 意趣美

中式面点具有悠久的历史和丰富的文化内涵，意趣丰富多彩。面点的意趣美是中国传统吉祥民俗的一种体现，是人们在长期的生活实践和社会活动的基础上形成的期望福禄喜庆、长寿安康、万事顺利的心理倾向。例如，杭州传统名点“幸福双”的创制就受到民间故事《梁山伯与祝英台》的启发。杭州的面点师有感于这个爱情故事，便制成豆沙馅心的“幸福双”，以示纪念。它用赤豆假借红豆，取“红豆生南国，此物最相思”之意。馅中还配有由核桃仁、蜜枣、红瓜、葡萄干、松仁和糖桂花组合而成的“百果”。“幸福双”成双配对供应，两只一客，从而进一步突出了它的祝福之意。“幸福双”包含着人们对真挚感情的美好寄托，寓意天下的有情人心心相印、百年好合、白头偕老。

吉祥民俗表现为在人们日常生活和吉日庆典等特殊场合的吉祥语、吉祥图案、吉祥物等，例如，生日宴、庆寿宴中的面条称为“长寿面”。因为面条形状绵长不断，而“面”与“绵”又是谐音，所以生日吃面条就喻示着健康长寿。“年糕”之名恰谐“年高”之音，寓“年年攀高”之意，所以也是春节的必备面食。元宵节吃元宵，取其“团团圆圆”之意，祈愿家人来年团圆、美满。中秋节吃月饼赏月，月饼象征圆满，表现了人们祈盼生活圆满人团圆的美好愿望。婚嫁的面食主要有“喜饼”“抓果”“莲子”等。“喜饼”是烙或烤制的，意在祝愿新人生活圆满；“抓果”是油炸或烙制的，寓含多子之意；“莲子”是用刻有莲蓬花纹的模具扣出并蒸制的，具有双关“连生贵子”之意。这些都饱含着人们对新人多子、圆满的美好祝福。

此外，中式面点还有各种各样的意趣。有的富贵堂皇，宜于喜庆筵席；有的活泼可爱，宜于儿童食用；有的形象逼真，富有生活乐趣，如“荷花酥”“金鱼饺”“玉兔包”“佛手卷”等。这些意趣是人们爱美的观念和美的理想在面点造型中的生动反映。

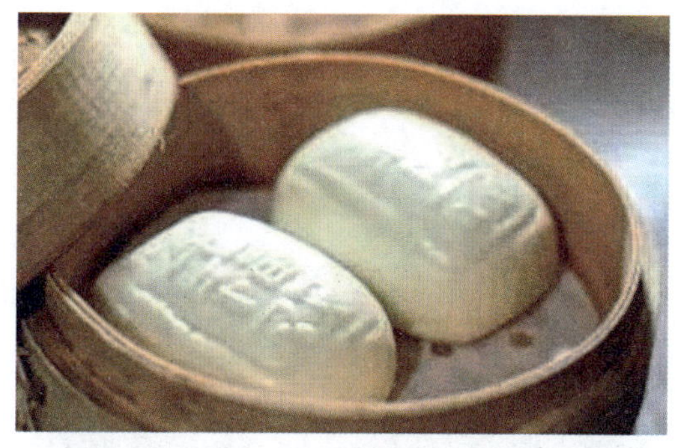

幸福双

多寿多福

三、面点造型的分类

1. 几何形态造型

几何形态造型即用原料做成圆形、三角形、正方形、长方形、平行四边形、条形、球形等形状。其美学特征是：简洁、对称、柔和、稳重。

粽子酥

方糕

玫瑰酥

京八件

2. 植物形态造型

植物形态造型即用原料模仿自然界各种植物的根、叶、花、果实等形状。其美学特征是：以假乱真、色彩逼真、图案吉祥。

● 胡萝卜酥

● 兰花酥

● 荷花酥

● 枇杷酥

3. 动物形态造型

动物形态造型即用原料模仿人们日常生活中喜闻乐见的动物形象。其美学特征是：小巧玲珑、生动活泼。

● 金鱼饺

● 蝴蝶卷

小鸟造型

企鹅造型

四、面点造型的方法

面点造型的常用方法有搓、卷、包、捏、夹、伸、切、削、拨、叠、摊、按、滚沾、嵌等，此外还有一些主要依靠工具成形的造型方法，如剪绘法和模印法。

知了饺

白菜饺

天鹅饺

玉兔饺

● 菠萝包

● 土豆包

1. 剪绘法

剪绘法以剪刀为主要工具，在原料表面制成各种花纹。

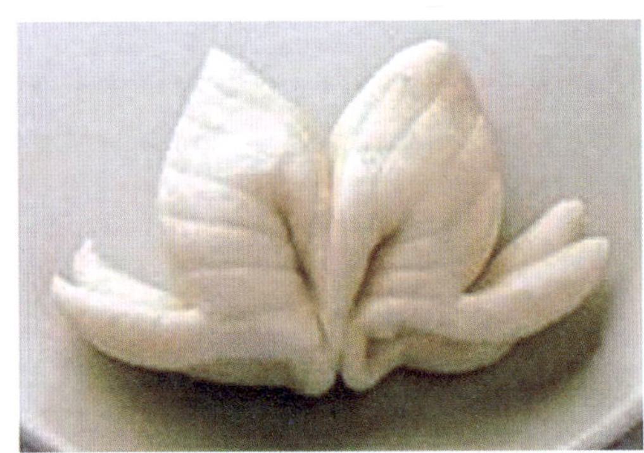

● 双桃卷

● 刺猬包

2. 模印法

模印法主要使用有不同花纹的模具并辅以手工操作。成品花纹清晰，图案吉祥。

● 核桃包

● 如意糕

第四节　食品雕刻艺术

食品雕刻是中国烹饪的艺术瑰宝，是对烹饪原料进行艺术造型的一种烹饪活动。它把烹饪和艺术有机地结合起来，使烹饪原料在具有食用价值的同时，又具有艺术创作价值。雕刻作品的用途是多方面的，它不仅是美化筵席、烘托气氛的造型艺术，而且在与菜肴的配合上更能表现出其独到之处。它使一道精美的菜肴锦上添花，成为一个艺术佳品，能和一些菜肴在寓意上达到和谐统一，令人赏心悦目，耐人寻味。

一、食品雕刻的特点

食品雕刻技艺近似于美术中的雕刻但又与之不同，它有着自己的特点。

第一，食品雕刻的原料不是玉、石、木、竹之类，而是食品，多为蔬菜和瓜果。

第二，食品雕刻的工具是刀，手段是刻。这种刀不像普通雕刻刀那样有一定规格，多由烹饪者自行设计。随着烹饪美学学科的创立，食品雕刻刀具的规格将趋于统一，但是也不可能完全统一。

第三，食品雕刻的创作必须紧紧围绕筵席主题进行，同时，由于原料的限制，它的创作时间较短，作品存在的时间也较短。

第四，食品雕刻应当因材制宜，发挥原料本身的特点。如同工艺品中的根雕，给

人的印象仍然是树根，而不是所模拟的物象。如果不像树根，便失去了根雕的意义。食品雕刻中的上品，给人最强烈的感受应当是食品原料本身。

二、食品雕刻美的要素

1. 意境美

食品雕刻是一种烹饪艺术。食品雕刻作品既作为一种工艺品出现，又作为一种食品呈现给就餐者；它不但要有千姿百态的形象供人观赏，而且还要有健康的思想内容。例如，在婚宴上可以设计雕刻鸳鸯、龙凤题材的作品，紧扣筵席主题，营造优美、浪漫、喜庆、祥和的意境，增强审美情趣。

● 凤舞九天

2. 原料美

食品雕刻采用的原料极为广泛，各种瓜果、蔬菜及动物性熟食品，蒸制的蛋糕、鱼糕、虾糕，动物性卤酱食品和罐头食品等，都是食品雕刻的极好原料。这些原料与雕刻艺术所使用的材料不同，不仅给人带来视觉上的美感，还能供人品尝，有着独特的美学特征。例如，用白萝卜雕刻的菊花从色泽和质地上，就展示了与众不同的美感。又如，用南瓜雕刻的作品色彩明快，质感浑厚，有着其他雕刻艺术品难以实现的艺术效果。

3. 刀法美

刀法美是和刀具联系在一起的，常用的刀具有直刀、斜口刀、圆口刀、V形刀和

U 形刀等。不同的雕刻作品采用的刀具不同，刀法也不同。例如，在雕刻月季时就要用到直刀法、旋刻刀法、斜口刀法、圆口刀法和翻刀法，才能使花朵形态美观、花瓣均匀。

● 大丽花

● 月季

4. 艺术美

食品雕刻是烹饪美学的一个主要表现方面，烹饪美学观始终贯穿于食品雕刻的全过程。食品雕刻直接运用烹饪美学的造型方法对各种雕刻原料进行加工。食品雕刻在烹饪艺术中的地位和作用，同样也要求它运用美学知识，对创作题材概括提炼，在造型上充分发挥想象力和创造力，使作品具有鲜明的个性和艺术特征，体现对烹饪原料美的艺术再创造。

三、食品雕刻的分类

1. 写意雕刻

写意雕刻是以规则或不规则的线条或几何体来组成抽象形象的一种雕刻手法。其作品不拘形似，注重神韵、意境，讲究形意相生，不求形同，力求神似。写意雕刻下刀时或夸大变形，或点点戳戳，或大刀阔斧，给人以痛快淋漓之感。例如，假山的刻法就是典型的写意手法。写意雕刻简洁明快、形简意赅，有独特的艺术语言，甚至有时隐物象于朦胧之中，给人清醒中朦胧、朦胧中清醒的感觉（类似绘画艺术中的抽象画风），显现出独特的意境。

写意雕刻作品

2. 写实雕刻

写实雕刻类似中国画中的工笔画，作品尽量模仿自然界的客观真实形象，精工细作，力求形神兼备、惟妙惟肖，甚至达到以假乱真的程度。其大件作品雍容华贵，小件作品小巧可爱。由于写实雕刻追求逼真，因此耗时较长，一般用于高档宴会和展览。

写实雕刻作品

范例欣赏

● 写实雕刻作品

这是一件纯欣赏性的食品雕刻作品。栩栩如生的“小猫”，简洁、概括的雕刻技法，令人叹服。其成功之处在于作者合理地利用了原料，用芋头特有的色泽和肌理效果，较好地表现了猫的皮毛特征，抓住了要表现的重点，达到了事半功倍的艺术效果。

分组讨论

食品雕刻的美，从原料和技术两方面来说，你更侧重哪方面？为什么？

四、食品雕刻的方法

食品雕刻常用的方法有整雕、零雕整装、凸雕、凹雕和镂空雕。

1. 整雕

整雕是食品雕刻最常用的方法，它可将一块大的原料雕刻成一个完整、独立的立体形象，如花卉中的菊花、茶花、牡丹，动物中的龙、马、麒麟，鸟类中的鹦鹉、喜鹊、凤凰、孔雀等。整雕的特点是依照实物，独立表现完整的形态，不需要辅助支持而单独摆设，造型的每个角度都可以欣赏，生动的形象使人赏心悦目。

● 整雕作品

2. 零雕整装

零雕整装分别用几种不同色泽的原料雕刻成某一物体的各个部位，然后组装成完整的物体。其特点在于色彩鲜明，形态逼真，不受原料大小的限制。

● 零雕整装作品

3. 凸雕

凸雕是在原料的表面刻出向外突出的图案的雕刻方法，可以分为高雕、中雕和低雕等。

4. 凹雕

凹雕所雕刻的花纹正好与凸雕相反，它是用刀具把画在原料上的图案雕成凹槽，以原料表面的凹槽线条表现图案。

● 凸雕作品　　● 凹雕作品

5. 镂空雕

镂空雕是指将原料剜穿，制成镂空花纹的雕刻方法，常用于瓜果表皮的美化，如西瓜灯等。

● 镂空雕作品

五、食品雕刻的步骤

1. 命题

命题就是确定雕刻作品的题材，做到意在刀先，心中有数。通常要根据筵席主题来命题，精心设计造型。例如，婚礼筵席常用“龙凤呈祥”和“鸳鸯戏荷”等造型，寿宴常用“松鹤延年”等造型。以美化菜肴为目的时，可多用一些小件雕刻作品，如月季花、荷花、牡丹、金鱼、鸳鸯、喜鹊等。

2. 选料

选料就是根据题材和作品类型选择适宜的原料，巧妙利用原料的特色来表现主题。例如，用“心里美”萝卜雕刻花卉，用南瓜雕刻龙、凤凰、鲤鱼，用白萝卜雕刻孔雀、仙鹤。

3. 整体下料

构思布局后，下料是整个雕刻过程中最关键的一环。

下料是一项十分严格而精细的工作。食品雕刻不同于美术中的素描，也不同于泥塑。素描可以重新覆盖原有笔迹，还可用橡皮擦掉重画。一团泥塑高了可削去，塑低了可添补。而食品雕刻则不同，脆而嫩的原料一刀下去便会切断或割掉，再也无法添加和补充。因此，在原料上合理布局和准确下料，是决定食品雕刻成败的关键。食品雕刻一般采用整体下料、局部细雕、层层去料、循序渐进的方法。

在雕刻过程中，下每一刀都要统筹兼顾，要经常把原料放到远一点的地方观察、比较、修改。例如，雕刻一只展翅的雄鹰，首先要仔细、准确地修出雄鹰的主体形状，用刀把两翼、头、躯干、尾、爪的大体形状刻出，落刀要准确，用刀要谨慎。这一道工序只求找准大的形体，不要急于在小部位上具体雕刻。

4. 精雕细刻

食品雕刻的“笔”就是刻刀，操作的最后成败，完全依赖是否正确选用刻刀和刀法是否娴熟。如果没有灵活顺手的工具和得心应手的刀法，就无法雕刻出理想的作品。还是以雕刻雄鹰为例，雕刻者经过整体下料刻出雄鹰的大体形状后，通过对照检查也感到满意，便可开始小部位的精雕细刻。例如，鹰的双翼羽毛和躯干羽毛的顺向、翅翼和尾翼的羽毛排列、嘴的钩形角度、眼的视向和位置、爪的力度表现等精细和关键的部位，都要采取不同的工具和具体的刀法进行认真雕刻。

对双翅既需要用精细的三棱刀刻出细毛，又需要用宽大的圆口刀铲出羽毛的整体和方向。这道工序是食品雕刻的精髓，应力求将有代表性的部位和一些微妙的形体变化精雕细刻出来。在雕刻中，还可对整体下料时的偏差做进一步的修整，以达到形神兼备的艺术效果。

5. 点缀完成

食品雕刻作品经过精心雕刻后，即进入最后完成阶段。为了进一步增强艺术感染力，应对一些关键部位进行必要的点缀，以突出艺术形象，起到画龙点睛的作用，如蛟龙的须和舌、仙鹤的长腿、雄鹰的双眼、花卉的枝叶等细微部分。在细软脆嫩的原料上雕刻，很难实现形体逼真的效果和色彩的跳跃感，因此，需要选择一些色相差别较大的食用原料，恰当地安插、镶嵌在物象的特定位置，从而突出雕刻形象的艺术效果。

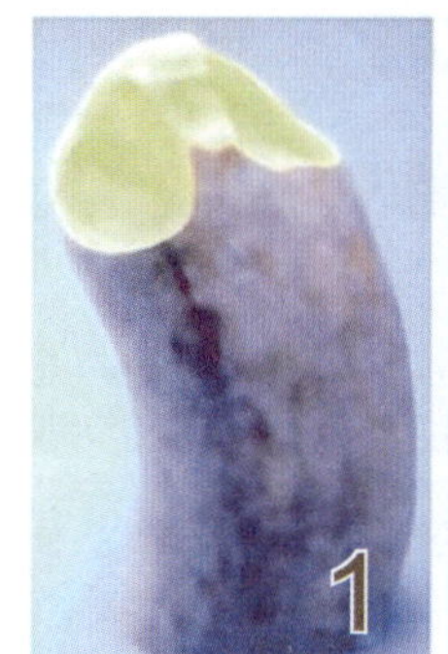

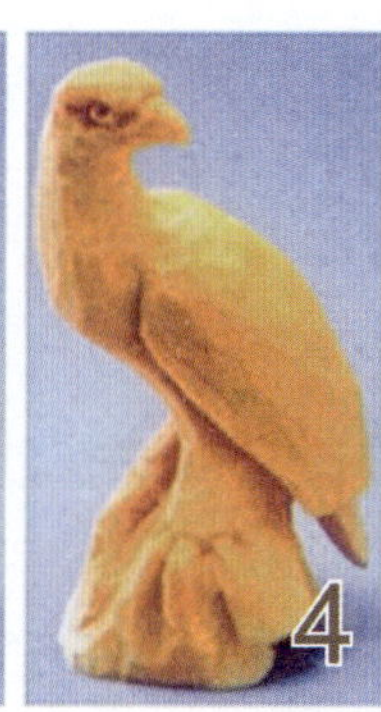

● “雄鹰”雕刻工序

第五节　围边装饰

菜点的围边装饰是根据菜点的特点，给予必要和恰如其分的装饰或点缀，以完善和提高菜点外观质量的一种有效手段。装饰与美化可以使菜点的造型在视觉效果上更加富有吸引力和艺术性，增加就餐者的食趣、情趣和乐趣。

一、平面围边装饰

平面围边装饰一般以常见的新鲜水果、蔬菜为原料，利用原料固有的色泽和形状，采用切拼、搭配、雕戳、排列等技法，将原料组合成平面图案，围饰于菜肴周围或点缀于菜盘一角，或用作双味菜肴的间隔点缀等，使菜肴构成一个错落有致、色彩和谐的整体，从而起到烘托菜肴特色、丰富席面、渲染气氛的作用。平面围边装饰一般有以下几种：

1. 全围式花边

全围式花边即沿盛器的边缘拼摆花边。这类花边在热菜造型中最为常用，它以圆形为主，也可根据盛器的外形围成椭圆形、四边形等。

● 百子拜寿

● 芝麻鸡柳

2. 半围式花边

半围式花边即沿盛器的半边拼摆花边。它的特点是统一而富于变化，不求对称，但求协调。这类花边主要根据菜肴装盘形式和所占盘中位置而定，但要掌握好盛装菜肴的位置比例和形态比例，保证色彩的和谐。

3. 对称式花边

对称式花边即在盛器中制作相应对称的花边。这种花边多用于腰盘，它的特点是对称和谐，丰富多彩。一般对称式花边有上下对称、左右对称和多边对称等形式。

● 清炒虾仁

● 富贵龙虾

4. 象形式花边

象形式花边是根据菜肴烹调方法和盛器款式，把花边围成象形图案，如扇面形、花卉形、叶片形、桃形、灯笼形、花篮形、鱼形和鸟形等。

● 葵花迎宾

● 龙井虾仁

5. 点缀式花边

点缀式花边是用水果、蔬菜或食品雕刻作品点缀在盛器某一边，以渲染气氛、烘托菜肴。它的特点是简洁、明快、易做，没有固定的格式。一般根据菜肴装盘后的具体情况，选定点缀的形式、色彩和位置。这类花边多用于自然形热菜造型，如整鸡、整鸭、清蒸全鱼等菜肴。点缀式花边有时是为了追求某种意趣或意境，有时是为了补充空隙，如盛器过大导致盛装的菜肴不充足。此外，还可用点缀式花边弥补因菜肴造型需要导致的不协调、不丰满等。

● 如意寿司卷

● 灌汤鸡球

6. 中心与外围结合式花边

这类形式的花边较具创造性和艺术性，形式多样。这种花边常用于大型豪华宴会、筵席中，选用的盛器较大，装点时应注意菜肴与花边形式的统一。位于中心的食品雕刻要力求精致、完整，并要掌握好层次与节奏的变化，使菜肴整齐美观、丰盛大方。

二、立雕围边装饰

这种围边装饰是一种与食品雕刻相结合的围边点缀手段，一般配置在筵席的主桌上和显示身价的主菜上。立雕工艺有简有繁，体积有大有小，一般都是根据命题选料造型。例如，在婚宴上采用具有喜庆意义的吉祥图案，配置在与筵席主题相吻合的席面上，能起到加强主题、营造气氛、促进食趣、提高筵席档次的作用。

● 六和虾仁

● 凤鸣百雏

● 珍珠鱼丸

三、菜品围边装饰

菜品围边装饰也称菜肴自我围边装饰，是利用菜肴主、辅原料，按一定的形象烹制成形的一种装饰方法，如制成几何形、花卉形、叶片形、水果形、金鱼形、玉兔形、凤尾形、蝴蝶形、蝉形、小鸟形、琵琶形、佛手形和元宝形等，再把成形的单个原料按形式美法则围拼于盘中，将食用与审美融为一体。这类围边装饰在热菜造型中运用较为方便，可使菜肴形象更加鲜明、突出和生动，给人一种新颖雅致的美感。

● 富贵花姿丸

● 菊花鱼丝

四、围边装饰原料

常用的围边装饰原料如下图所示。

● 苹果　● 黄瓜　● 胡萝卜　● 芹菜

● 苦瓜　● 猕猴桃　● 草莓　● 橘子

实践与思考

参照书中图例，设计全围式花边、半围式花边和点缀式花边各一个。

思考与练习

1. 结合实例列举冷菜造型的分类。
2. 热菜美的要素有哪些？试举例说明。
3. 面点造型的特点是什么？
4. 面点造型的方法有哪些？试举例说明。
5. 结合实例说明食品雕刻的步骤。
6. 平面围边装饰一般有几种？试举例说明。

第五章
饮食器具美学

学习目标

1. 了解饮食器具的美学价值。
2. 掌握饮食器具的美学原则。
3. 了解各类饮食器具的美学风格。

饮食器具作为承载食品的容器，传递的不只是食品本身，更是一种生活美学和态度。自古以来，人们非常注重菜肴与饮食器具的结合。讲究美器的文化传统在中国起源很早，大约可以上溯到史前时期。

选用具有艺术性和文化性的饮食器具，可以使佳肴耀眼、美器生辉、盘饰升华，可以使佳肴内涵更丰富，妙趣横生，从而使整个菜点在色、香、味、形、器诸多方面达到内在和外在的完美统一。

第一节　饮食器具的美学价值与美学原则

一、饮食器具的美学价值

饮食器具之美，是烹饪艺术整体美的重要组成部分。

饮食器具之美给人以耐人寻味的技术美、艺术美、文学美等多方面的美感，也给人以清洁卫生、舒适愉快的感受，可使人增强食欲。精美的饮食器具还能激发人们创造美食的灵感。所以说，饮食器具在实用价值之外还有其艺术价值、情感价值和文化价值。

各具美感的饮食器具

二、饮食器具的美学原则

饮食器具说到底还是实用性器具，它的形式美必须服从实用，使审美与实用紧密结合，并为实用服务。饮食器具的美学原则具体表现在以下几个方面：

1. 饮食器具造型艺术美必须适应宴饮的习俗和人们的生理、心理要求

在日常饮食生活中，饮食器具若能给人以安静舒适感，则可谓之上品。传统的中国饮食器具之美皆以此为标准。原始陶器的对称美和均衡美一开始主要是为了放置平稳、受热均匀。陶器造型中，基本形为圆形、对称形、规整形，基本没有三角、五角、七角的形体和不对称、不规整的形体。究其原因，大概是因为圆形、对称形、规整形易于制作，容量大，烧制不易变形，形式上容易取得平衡效果，易于带来安全感、舒适感。盘壁低而饰其内，碗壁高而饰其外，都是服从于视觉观赏的需要。这些都十分符合人们的视觉接受规律。

饮食器具多为半球状，可方便食用。盘和碟的低矮原本不是为了排列于汤碗周围，加强对比，使之具有形式感，而是用以放汤汁较少或无汤汁的菜肴，便于进餐者俯视盘中菜肴，随意取食。器形与手、口接触的部位须光滑，以保证宴饮时手、口的舒适。以上都体现了实用和审美相结合的原则。

2. 饮食器具的选用应因菜制宜，使饮食器具与菜肴相辅相成

筵席菜肴选料精、做工细、成本高，“身价”高于普通菜肴。其盛器不仅宜大而精，而且要成双配套。煎、炒、炸、爆、烧、扒等无芡汁或有芡汁无汤的菜肴宜用平盘，如“龙井虾仁”“红梅鱼肚”等；烩、炖等有汤菜肴宜用大汤碗或砂锅、品锅，如“游龙戏凤”“鱼圆汤”“金鱼戏水”等；整鱼或两吃的菜肴宜用腰盘，如“西湖醋鱼”“鸳鸯虾球”等。

菜肴与盛器具体配合的情况十分复杂，同一菜肴采用不同造型、形状、色彩和图案的盛器会产生不同的审美效果。

3. 根据特定的进餐场合选用特定的饮食器具

把握进餐场合美学风格的多样性，选用特定的器具，藏礼于器，赋意于器，为特定的聚餐服务，这是中国饮食史上的一贯传统。明清宫廷筵席喜用金碧辉煌的饮食器具。《红楼梦》中，大摆筵席时用金筷，家常便饭用银筷。民间多用朴实大方或图案装饰较为豪放的器具。一般宴会宜用成套器具，以取得协调的美学风格。一般饮食宜用色彩淡雅的器具。造型精美的菜肴可用图案装饰简洁而质地优良的器具加以衬托。造型简单的菜肴，有时也可用一些装饰繁复的器具加以衬托。总之，饮食器具的选择和

配套，是一门艺术性和技术性较强的学问。

● 一般场合使用的饮食器具

● 重要宴会使用的饮食器具

第二节　各类饮食器具的美学风格

中国饮食器具经历了陶器时期、青铜器时期、漆器时期、瓷器时期等不同时期的发展和变化，形成了现代百花齐放的格局，为“美食配美器”提供了更多、更好的机会和选择。

一、陶瓷饮食器具的美学风格

中国早在新石器时代就发明了陶器。用陶土烧制的器皿叫陶器，用瓷土烧制的器皿叫瓷器，瓷器是由陶器发展演变而成的。陶瓷则是陶器、炻器和瓷器的总称。

● 陶罐

陶器风格质朴，古色古香，生活气息浓厚，有陶盘、陶碗、陶罐、陶盆等。今天常见的砂锅、汽锅就是陶器制品，常常用来制作或盛装一些地方特色菜、土色土香的农家菜、传统名菜，如“佛跳墙”“东坡肉”“汽锅鸡”“砂锅鱼头”等。

● 陶碗　● 陶盆

● 砂锅　● 汽锅

瓷器风格平实细腻，艺术性强。它精美、卫生，几乎集中了饮食器具的全部优点。它自诞生以后，便在饮食器具中迅速占据了统治地位，至今不衰。瓷器与选料讲究、制作精细的佳肴相配，往往是“浓妆淡抹总相宜”。目前在菜肴造型和盛装中使用最多、最广泛的是瓷盘、瓷碟、瓷碗。

常用的瓷质饮食器具大致可分为以下几种：

1. 单色瓷质盛器

单色瓷质盛器是指色彩单纯且无明显图饰的瓷质盛器，如白色盘、红色盘、蓝色盘、绿色盘等。这类盛器烘托菜肴的功能突出，有较强的感染力。其中，白色盘是使用最多的一种，它具有高洁、清淡和雅致的美感特征。选用此类盛器的方法比较简单，一般只要注意“菜肴与盛器的色调统一”这个原则，就可大胆构思、造型。如果选用的盛器与菜肴色泽属同类色或类似形，菜肴就会显得和谐统一、明快大方；如果选用的盛器与菜肴色泽构成对比关系，菜肴就会显得突出鲜明。但在选用单色盛器时，如果一味追求盛器与菜肴的统一或对比，往往会造成色彩的单调呆板。因此，菜肴与盛器之间应遵循“调和中求对比，对比中求调和”的原则。

● 单色瓷质盛器

2. 几何形纹饰瓷质盛器

此类盛器一般以圆形、椭圆形和多边形为主，盛器中的饰纹多沿盛器四周均匀、对称地展开，有强烈的稳定感。纹饰的主图案排列整齐，呈环形分布，又有一种特殊的曲线美、节奏美和对称美。同时，盛器的纹饰五彩斑斓，美不胜收。这类盛器的纹饰中，以青花瓷纹最为常见。

使用圆形、椭圆形盛器的关键是紧扣“环形图案”这一显著特征，可依菜择器，也可因器设菜。也就是说，既可依据菜肴的色彩、造型和寓意来选择使用盛器，也可根据盛器的纹饰、色彩和寓意来构思设计菜肴的造型、色彩和意境，力争使菜肴和盛器纹饰的色彩和形状达到统一、和谐。此类盛器上的纹饰图案一般都比较完美，在与菜肴组配时就不用再花太多的精力去雕花刻草，刻意点缀，可直接利用纹饰图案来装饰菜肴。例如，“水磨丝”“大煮干丝”和“宫保鸡丁”等自然装盘的菜肴，若选择环形纹饰的瓷盘，可使菜肴与瓷盘纹饰的形状、色彩浑然一体，巧妙自然，统一而富于变化。

● 几何形纹饰瓷质盛器

3. 象形瓷质盛器

此类盛器在模仿自然形象的基础上设计而成，以仿植物形、动物形、器物形为主，常用花朵形、树叶形、鱼形、蟹形、鸳鸯形、孔雀形、贝壳形、船形等形式。这些玲珑剔透的盛器可以使筵席趣味横生，生机盎然。

使用这类盛器时，要充分利用象形图案的特点，在与菜肴组配时要注意菜肴与盛器形式的统一。例如，仿鱼形的盛器宜配烹制的鱼类菜肴，仿鸭子的盛器宜配烹制的老鸭煲等菜肴，仿贝壳形的盛器宜配烹制的鲜贝、虾仁，仿树叶形的盛器宜配烹制的各种素菜等，以使内容和形式完美统一。

范例欣赏

下图所示原本是一种极为普通的街头小店常见菜“酱爆田螺”，但用一个象形的盛器盛装，就使其变成了一道风味特色菜，平添了几分食趣。

● 海螺形瓷质盛器

在使用这类象形盛器时，还必须防止因过于追求局部的完美而影响整体盛器的统一美。当然，选择盛器时，除了考虑菜肴的造型和色彩之外，还应考虑相邻菜肴的色彩、造型和所用盛器，以及桌布的色彩等具体情况。总之，发挥盛器之美，应处理好盛器与盛器的多样统一、盛器与菜肴的多样统一，以及盛器与环境气氛的统一。

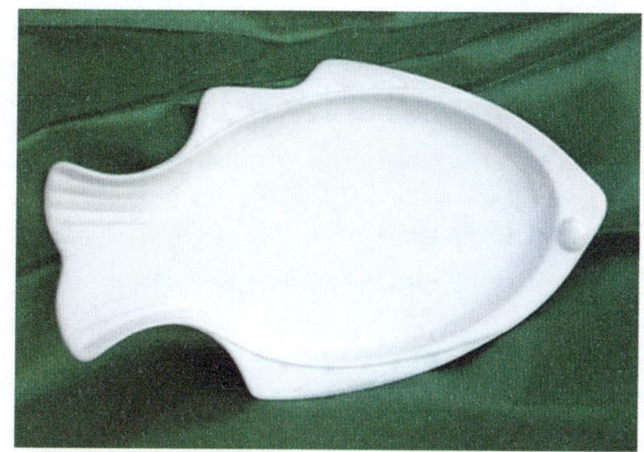

● 象形瓷质盛器

阅读材料

中国各地瓷器特点

瓷质饮食器具在中国饮食史上占据着统治地位，目前中式饮食器具仍以瓷器为主，主要的瓷器产地有景德镇、唐山等。了解各地瓷器特点，有助于选用合适的饮食器具。中国各地瓷器特点见下表。

中国各地瓷器特点

产地	特点
江西景德镇	生产历史悠久，唐代生产的景德镇白瓷即有“假玉器”之称。景德镇自南宋起逐渐成为全国的制瓷中心，号称“瓷都”。其青花瓷优美雅致，装饰花纹生动，驰名中外。成套用于筵席，可使满桌生花，优雅动人
湖南醴陵	瓷质洁白，色泽古雅，音似金玉，细腻美观，其釉下彩美而不俗
河北唐山	光灿莹洁，富丽堂皇，其雕金装饰和五彩缤纷的喷彩艺术独树一帜
山东淄博	北朝时期已开始烧制青釉瓷，古时以雨点釉、茶叶末釉、云霞釉、兔毫釉等著称，后又新创乳白瓷、鲁青瓷、象牙黄瓷，具有厚实大方的特色，且质地细，面光滑，如脂如玉
广东石湾	有一千多年的生产历史，历来有古雅朴拙、浑厚耐看、形神兼备、多彩多姿之美誉

二、金属饮食器具的美学风格

金属饮食器具是以金、银、铝、铜等金属制作的饮食器具，它在我国漫长的饮食文化发展史中，曾经独领风骚数千年。现有的金属饮食器具以仿金仿银为主，大都与瓷质饮食器具套用，以显档次。金、银饮食器具制作精美，富丽堂皇，在一般餐厅并不多见，只是在特定场合偶尔使用。

● 各式金属饮食器具

三、竹木饮食器具的美学风格

竹木饮食器具自古以来常见于民间，它材料易得，制作方便，普通百姓户户皆备。

竹木饮食器具天然清新，朴素自然，让人们在日常生活中就能感受到大自然的味道，享受轻松和谐的意境之美。竹木饮食器具能带给人平淡自然、舒适安逸的感觉，再加上造型的精巧细腻，使用起来是一种文雅的享受。

● 各式竹木饮食器具

范例欣赏

竹子自古以来就是文人墨客赋诗作画的对象，饮食文化中也有许多与竹子相关的典故。下图所示的这款菜肴以手工精心制作的竹筒作为盛器，使菜肴不但透着竹子的清香，而且还有清新的文化气息，给人以艺术享受。

● 竹筒笋干鸭

四、玻璃饮食器具的美学风格

玻璃饮食器具通常用高硼硅玻璃制作。它的优点是耐高温，外观透明、美观，使用起来干净卫生，不含有毒物质。

玻璃饮食器具极致简约，拥有精致通透的质地，能够呈现出食品别具一格的形与美，特别适宜用来搭配刺身、汤羹、水果、蔬菜沙拉等。

● 各式玻璃饮食器具

阅读材料

现代中国饮食器具的发展方向

现代中国饮食器具仍以瓷器为主，同时也呈现出百花齐放的局面。与古代相比，现代中国饮食器具的变化主要表现在两个方面。第一是造型和装饰的现代化。由于频繁的中外文化交流，西方文化对中国文化产生了一定的影响。西方装饰手法的长处被融进中国传统工艺中，形成符合现代人审美心理的美学风格，呈现出更为丰富多彩的面貌。现代中国饮食器具在装饰内容和题材方面，被赋予了明显的时代精神。第二是材料的现代化。现代中国饮食器具在以瓷器为主的同时，广泛采用了塑料、搪瓷、玻璃、不锈钢等材料。这一趋势是现代文明发展的必然，也是现代中国饮食器具未来的发展方向。

思考与练习

1. 饮食器具的美学价值有哪些?
2. 饮食器具的美学原则是什么?
3. 陶质、瓷质饮食器具各有哪些美学风格?